U0155894

汉竹编著·健康爱家系列

营养师的养生
家常菜

刘桂荣◎主编

江苏凤凰科学技术出版社
全国百佳图书出版单位
·南京·

图书在版编目 (CIP) 数据

营养师的养生家常菜 / 刘桂荣主编 . —南京：江苏凤凰科学技术出版社，2022.11

（汉竹·健康爱家系列）

ISBN 978-7-5713-1754-6

Ⅰ.①营… Ⅱ.①刘… Ⅲ.①家常菜肴－保健－菜谱 Ⅳ.① TS972.161

中国版本图书馆 CIP 数据核字 (2021) 第 010990 号

中国健康生活图书实力品牌

营养师的养生家常菜

主　　　编	刘桂荣
编　　　著	汉　竹
责 任 编 辑	刘玉锋　黄翠香
特 邀 编 辑	李佳昕　张　欢
责 任 校 对	仲　敏
责 任 监 制	刘文洋

出 版 发 行	江苏凤凰科学技术出版社
出版社地址	南京市湖南路 1 号 A 楼，邮编：210009
出版社网址	http://www.pspress.cn
印　　　刷	合肥精艺印刷有限公司

开　　　本	720 mm × 1 000 mm　1/16
印　　　张	8
字　　　数	160 000
版　　　次	2022 年 11 月第 1 版
印　　　次	2022 年 11 月第 1 次印刷

标 准 书 号	ISBN 978-7-5713-1754-6
定　　　价	39.80 元

图书印装如有质量问题，可随时向我社印务部调换。

编辑导读

你是否有这样的感受：每到做饭时就发愁，今天吃什么好呢；每次去菜市场，不知道该挑选什么食材；看着买回来的菜，又不知道如何烹调才好……你是否非常好奇：营养师的厨房里都有哪些食材；营养师有什么特效食疗方；营养师及其家人一年四季都吃些什么……

其实，做菜并没有那么复杂，无非就是顺应四季选食材，合理搭配食材，使营养均衡。无论是厨房新手，还是烹饪高手，只要你跟着这本书，走进营养师的厨房，跟营养师学做菜、学搭配，相信不久后，你就会变成全家人的大厨兼营养师了！

这本书打破了传统菜谱书中单纯按照食材来分类的单调分类方法，而是集合了食材、功效、人群、四季这四种分类方法，让不同需求的人都能找到自己想要的菜谱。步步详解，精准用料，教你一步步变身厨艺高手，为全家做好一日三餐，让家人吃得健康，吃得开心。

目 录
Contents

水产

第二章

营养师教你对症吃家常菜

第三章

营养师为全家人订制的营养餐

第四章

营养师厨房四季餐单

第一章

营养师厨房必备的家常食材

蔬菜

油菜

通便、增强免疫力

油菜营养丰富，维生素C含量很高。清炒、凉拌都适宜，也经常被用来做装饰，经典菜式是香菇油菜。

营养师解读食材

油菜在我国南方的栽种面积比较大，春季和冬季是主要收获期。油菜含有丰富的钙、铁、钾、维生素C、膳食纤维、胡萝卜素，还含有能促进眼睛视紫质合成的物质，具有很高的营养价值和食疗保健作用。油菜为低热量蔬菜，且含有膳食纤维，能促进肠道蠕动，预防便秘。

宜忌人群

适宜人群：一般人群均可食用，尤其适宜高脂血症、癌症、便秘患者。

禁忌人群：寒性体质、肠胃功能不佳、慢性肠胃炎患者慎食。

四季食材选购指南

油菜最好现买现吃，储存时用潮湿的干净纸将油菜包裹好，放入冰箱内呈竖直状摆放，可稍延长保鲜时间。选购的时候宜选择鲜嫩、洁净、无黄烂叶的油菜。

宜

油菜＋海米：补钙补锌，防癌抗癌。

油菜＋鸡肉：护肝强身，增强抵抗力。

油菜＋香菇：利肠通便，降低血脂。

不宜

油菜＋竹笋：油菜中的维生素C与竹笋中的生物活性物质结合，易破坏维生素C，降低营养价值。

营养师厨房的养生秘密

这样吃更营养

油菜和香菇搭配，更能发挥补钙、增强免疫力的作用。

核心营养素

（钙）

油菜含有丰富的钙，常吃能强身健骨，预防骨质疏松。

食疗方

油菜的茎和叶可以消肿解毒，辅助治疗痈肿。

油菜可以直接入锅炒，不用焯烫。

香菇油菜

养生功效：润肠通便、解毒消肿、降低血脂。

适宜人群：一般人群皆可食用，尤其适合疖肿、便秘、高脂血症患者。

原料：油菜250克，鲜香菇2朵，盐适量。

做法：①油菜洗净，切段，梗、叶分置。②香菇洗净，去蒂，切块。③油锅烧热，放入油菜梗，炒至快熟时，放入油菜叶略微翻炒。④放入香菇，炒至食材全熟，加盐调味即可。

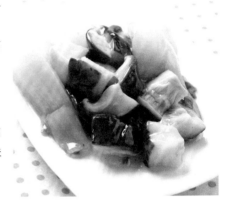

豆腐油菜

养生功效：补充蛋白质、养胃健脾、助消化。

适宜人群：尤其适合婴幼儿、中老年人以及便秘患者。

原料：油菜250克，豆腐200克，香菇、冬笋各50克，葱段、姜末、盐、香油各适量。

做法：①香菇泡发，洗净，切丝；冬笋洗净，切丝；油菜洗净，焯熟。②豆腐压成泥，放香菇丝、冬笋丝、盐拌匀，蒸10分钟取出，油菜放周围。③爆香葱段、姜末，加少许水烧沸，淋香油，浇汁即可。

鸡肉扒油菜

养生功效：增强免疫力、补钙。

适宜人群：易感冒人群、中老年人。

原料：鸡肉150克，油菜200克，牛奶、水淀粉、料酒、葱末、盐各适量。

做法：①油菜洗净，切成长段；鸡肉洗净，切成条，放入开水中汆烫，捞出。②油锅烧热，放入葱末炒香，然后放鸡肉条、油菜段翻炒。③放入牛奶、料酒、盐，大火烧开，用水淀粉勾芡即可。

趁热吃，清淡又暖胃。

白菜
补钙、预防感冒

白菜营养价值高，素有"百菜不如白菜"的说法，而且容易储存。白菜适合炖、炒、腌、拌的烹饪方法，味道较清淡，具有补钙、清热、预防感冒等功效。

营养师解读食材

白菜原产于我国北方，是北方老百姓的传统蔬菜，口感清甜，营养丰富，素有"百菜之王"之称。白菜富含膳食纤维、钙、蛋白质、碳水化合物等，常吃可补钙，促进食物消化、吸收。白菜的水分含量约为95%，适合秋冬干燥季节食用，可清热利尿，解渴除烦。此外，白菜的热量很低，适合减肥人士食用。

宜忌人群

适宜人群：一般人群均可食用。患习惯性便秘、伤风感冒、肺热咳嗽、咽喉发炎、腹胀及发热者尤为适宜。

禁忌人群：胃寒腹痛、脾胃虚寒导致腹泻者。

四季食材选购指南

选购白菜的时候，要看根部切口是否新鲜水嫩，要选择卷叶紧实有重量感的。冬季储存白菜需要摘除烂叶，先晾晒几天，然后可用保鲜袋保存。

宜

白菜＋香菇：养胃生津、降压、降胆固醇、降血脂。

白菜＋猪肉：荤素搭配，营养均衡，温胃养胃。

白菜＋豆腐：可缓解咽喉肿痛。

不宜

白菜＋黄瓜：因为二者都偏寒凉，所以气虚胃寒的人要注意别同时食用。

营养师厨房的养生秘密

白菜
（帮助消化）

初冬收获，耐储存，水分高，同时含有大量膳食纤维，常吃可利肠道通便，预防便秘，帮助消化。

小白菜
（富含维生素C）

几乎一年四季都有上市，可清炒或与香菇、笋等拌炒，烹制时间不宜过长，以免损失营养。

娃娃菜
（缓解疲劳）

钾含量高，对缓解机体疲劳具有明显效果，上汤娃娃菜是经典的做法。秋冬季节常吃还有解燥、利尿的作用。

奶白菜
（通利肠胃）

叶柄肥厚而短，呈奶白色，叶色深绿，可搭配菌类炒食，或搭配肉类炖汤。含钙、铜等多种矿物质，具有清热解毒、通利肠胃等作用。

快手做白菜只需5~10分钟。

这道菜还可加入粉条，营养更丰富。

白菜炖豆腐

养生功效：降血脂、通利肠胃、防治便秘。

适宜人群："三高"人群、冬季上火者。

原料：白菜250克，豆腐100克，瘦肉50克，酱油、盐各适量。

做法：①豆腐洗净，切块；白菜洗净，切段；瘦肉洗净，切片。②油锅烧热，放入瘦肉片煸炒，至熟透，放入酱油、豆腐块，加适量水炖煮5分钟左右，至入味。③放入白菜段，炒匀，盖上盖焖煮5分钟左右，放入盐，翻炒均匀即可。

白菜大米粥

养生功效：抑制肠道内有害菌的繁殖，净化肠胃，预防"三高"。

适宜人群：女性、"三高"患者、中老年人。

原料：白菜200克，大米100克，枸杞子、葱花、盐各适量。

做法：①白菜洗净切成小片；大米淘洗干净。②大米加适量水煮沸后，加白菜继续熬煮半小时，粥黏稠后，加盐，撒葱花、枸杞子即可。

木耳炒白菜

养生功效：增强血管壁弹性，可用于血管硬化和高血压患者的食疗。

适宜人群：中老年人，尤其是心脑血管疾病患者。

原料：白菜200克，泡发木耳50克，醋、酱油、盐各适量。

做法：①木耳洗净，掰小朵；白菜洗净，切片。②油锅烧热，放入切好的白菜，加少量盐，翻炒至白菜软烂，放入木耳，翻炒，加醋、酱油与盐，翻炒均匀即可。

西蓝花
防癌抗癌、美白

膳食纤维含量丰富，水分多，味道鲜美。西蓝花于 19 世纪末传入我国，而今它已经成为老百姓餐桌上的常见食材。

营养师解读食材

一般情况下，人们以为西红柿、白菜的维生素 C 含量较高，其实西蓝花的维生素 C 含量更为丰富。此外，西蓝花的叶酸含量也很丰富，特别适合备孕女性食用。西蓝花还含有多种营养素，比如胡萝卜素、蛋白质、矿物质等，能增强肝脏的解毒能力，提高机体免疫力，在预防胃癌、乳腺癌方面效果很好；含抗氧化物，具有很好的抗衰老和美白功效。常吃西蓝花，可促进身体生长，维持牙齿及骨骼正常，保护视力，提高记忆力。

宜忌人群

适宜人群：一般人群均可食用。

禁忌人群：红斑狼疮患者忌食。

四季食材选购指南

以菜株颜色浓绿鲜亮，花球紧实，表面没有凹凸为佳。用干净纸或保鲜膜包好，直立放入冰箱冷藏。

宜

西蓝花 + 虾仁：排毒瘦身。

西蓝花 + 猪腰：补血益肾。

西蓝花 + 鱼肉：补中益气。

不宜

西蓝花 + 猪肝：猪肝中的铜元素会使西蓝花中的维生素 C 氧化，从而降低营养价值。

营养师厨房的养生秘密

西蓝花
（保护肠胃）

品质鲜嫩，水分充足，可做西餐配菜、沙拉，也可炒食。常吃可提高免疫力，保护肠胃健康。

菜花
（防癌抗癌）

又称花椰菜，具有多种养生功效，可防癌抗癌、清理血管等。

食疗方

将西蓝花放入开水中焯烫约 2 分钟，捞起来凉拌着吃，营养保留更完整。

西蓝花焯烫时间不宜超过3分钟。

双色菜花

养生功效：常食有助于降脂降压、瘦身减肥。

适宜人群：高血糖、高血压、高脂血症患者。

原料：西蓝花、菜花各100克，胡萝卜50克，白糖、醋、香油、盐各适量。

做法：①西蓝花、菜花分别洗净，掰小朵；胡萝卜洗净去皮，切片。②将全部蔬菜放入开水中焯熟，凉凉盛盘，加少许白糖、醋、香油、盐，搅拌均匀即可。

西蓝花烧双菇

养生功效：清理血管、解毒防癌。

适宜人群：一般人群均可食用。

原料：西蓝花100克，口蘑、香菇各3朵，盐、蚝油、白糖、水淀粉各适量。

做法：①西蓝花洗净，掰成小朵；口蘑、香菇洗净，口蘑切成片，香菇切花刀。②锅内放油烧热后，再放入西蓝花、口蘑、香菇翻炒，炒熟后放入蚝油、盐、白糖调味。③出锅前，用水淀粉勾芡即可。

西蓝花炒虾仁

养生功效：清理肠胃、保护心脑血管。

适宜人群：一般人群均可食用。

原料：西蓝花250克，虾仁150克，盐、蒜末、水淀粉各适量。

做法：①虾仁洗净；西蓝花掰小朵，用盐水泡10分钟后捞出。②锅中烧开水，加西蓝花焯烫后捞出。③油锅烧热，加蒜末爆香，倒入虾仁煸炒至虾仁变色后，加西蓝花一同煸炒至熟，加盐，用水淀粉勾薄芡即可。

菠菜
补维生素、抗衰老

菠菜，也叫赤根菜、波斯菜，性寒，味甘。菠菜茎叶柔软滑嫩、味美色鲜，营养丰富，凉拌、煲汤、炒食都可以。

营养师解读食材

菠菜是极其常见的蔬菜之一，其营养价值很高。菠菜含有大量的β-胡萝卜素，利于视力健康。菠菜叶含有铬和一种类胰岛素样物质，其作用与胰岛素非常相似，利于血糖保持稳定；丰富的B族维生素有助于防止口角炎、夜盲症等维生素缺乏症的发生；大量的抗氧化剂如维生素E和硒元素，具有抗衰老、促进细胞增殖等作用，有助于防止老年痴呆症的发生。

宜忌人群

适宜人群：一般人群均可食用，尤其适宜青少年、中老年人。

禁忌人群：肾炎、肾结石患者及胃肠虚寒、腹泻者不宜食用菠菜，以免加重病情。

四季食材选购指南

菠菜四季都适合食用，以春季为佳。挑选菠菜时，以叶柄短、根小色红、叶色深绿的为好。用保鲜袋装好，放入冰箱冷藏。

宜

菠菜+鸡蛋：补钙健脑，滋阴润燥，修复肝脏损伤。
菠菜+山药：健脾养胃，清理肠道，调理便秘。
菠菜+鲫鱼：健脾利湿，消脂养颜。
菠菜+粉丝：降低血糖，舒肝养血，促进食欲。

不宜

菠菜+奶酪：菠菜中的草酸与奶酪中的钙易形成草酸钙，阻碍人体对钙的吸收，并容易引起结石。

营养师厨房的养生秘密

这样吃更营养

菠菜在炒之前入开水中略焯烫，能去除草酸，有利于营养吸收。

核心营养

（β-胡萝卜素）

菠菜中所含的β-胡萝卜素，在人体内可转变成维生素A，保护视力。

食疗方

取带根鲜菠菜100克，开水烫半分钟，捞起用香油拌食，可辅助治疗便秘。

菠菜含有草酸，宜入沸水中焯烫 30 秒。

菠菜炒鸡蛋

养生功效： 补血健脑、养肝明目。

适宜人群： 贫血患者、青少年以及中老年人。

原料： 菠菜 300 克，鸡蛋 2 个，葱丝、盐各适量。

做法： ①菠菜洗净，切段，用沸水焯烫；鸡蛋打散。②油锅烧至八成热，倒入蛋液炒熟盛盘。③另起油锅，下葱丝炝锅，然后倒入菠菜，加盐翻炒，倒入炒好的鸡蛋，翻炒均匀。

菠菜鱼片汤

香喷喷的菠菜鱼片汤一定能勾起你的食欲。

养生功效： 补血补钙、降低胆固醇、益智健脑。

适宜人群： 一般人群均可食用，特别适合哺乳妈妈。

原料： 鲫鱼肉 250 克，菠菜段 100 克，葱段、姜片、料酒、盐各适量。

做法： ①菠菜段用沸水焯一下。②鲫鱼肉切成厚片，加盐、料酒腌 30 分钟。③油锅烧热，下葱段、姜片爆香，放鱼片略煎，加水煮沸，用小火焖 20 分钟，投入菠菜段，稍煮片刻即可。

菠菜蛋黄粥

养生功效： 健脑益智、保护肝脏、防止动脉硬化。

适宜人群： "三高"人群、肝病患者、婴幼儿及中老年人。

原料： 菠菜 100 克，鸡蛋 1 个，大米 50 克，盐适量。

做法： ①菠菜洗净，锅中烧一锅开水，将菠菜放入开水中略焯烫，捞出沥干水分后切碎。②将鸡蛋煮熟，取出蛋黄，备用。③大米洗净，放入锅内，加适量水先煮烂成粥，再将菠菜、蛋黄加入粥中搅匀，加盐调味即可。

芹菜
通便、降压

芹菜属于伞形科植物，此类植物的共同特点就是具有芳香气味，比如香菜、小茴香等。芹菜营养价值颇高，具有清热、利尿、降压、瘦身等功效。

营养师解读食材

有些人可能觉得芹菜的味道非常怪，吃不下这种蔬菜，其实芹菜的营养价值很高，富含胡萝卜素、B族维生素、钙、磷、铁、钠等多种营养素，具有平肝清热、祛风利湿、除烦消肿、降低血压的功效。芹菜的茎、叶子都可食用，茎肥嫩，既能增进食欲，又有降压健脑、清肠利便的作用。常吃芹菜，尤其吃芹菜叶，对预防高血压、动脉硬化等都十分有益，并有辅助治疗作用。

宜忌人群

适宜人群：便秘患者、高血压患者。

禁忌人群：脾胃虚寒、肠滑不固者及低血压患者应慎食。

四季食材选购指南

秋天的芹菜最好吃，挑选时以茎部肥厚、菜叶翠绿、菜茎不发空的为好。挑选时，掐一下芹菜的茎部，易折的为嫩芹菜。最好趁鲜食用，如果需要保存，可放冰箱冷藏。

宜

芹菜 + 核桃仁：润肺止咳，健脑益智。

芹菜 + 虾仁：补钙，降脂降压。

芹菜 + 胡萝卜：清肠利便，清肝明目。

不宜

芹菜 + 醋：醋与芹菜同食，会加快钙的溶解速度，容易损害牙齿，也不利于人体对钙质的吸收。

营养师厨房的养生秘密

水芹
（平肝清热）

水芹属于水生蔬菜，口感脆嫩，有平肝清热、祛风利湿、除烦消肿、凉血止血之效。

旱芹
（降脂降压）

旱芹看似粗壮，但是质地却很鲜嫩，降压降脂效果较水芹好，高血压、高脂血症患者宜经常食用。

西芹
（促进消化）

西芹中的膳食纤维含量比较高，还含有芳香油等成分，有促进消化、提升食欲的功效。

芹菜除了炒食外还可以榨成汁喝，降血压效果不错。

凉拌芹菜叶

养生功效：降血压、减脂瘦身、清肠通便。

适宜人群：高血压、心脏病患者，肥胖者。

原料：芹菜叶200克，香油、盐、蒜蓉、红椒丁各适量。

做法：①芹菜叶洗净，放入沸水焯一下。②将适量香油、盐、蒜蓉、红椒丁放入芹菜叶中，拌匀即可。

芹菜香干炒肉丝

养生功效：促进食欲、清热利尿。

适宜人群：一般人群均可食用。

原料：芹菜100克，香干200克，猪里脊200克，生抽、椒盐、淀粉、料酒、盐各适量。

做法：①芹菜洗净，切段（不要叶子）；香干洗净，切条，备用。②猪里脊洗净，切丝，加生抽、料酒、淀粉，撒上少许椒盐，腌制10分钟。③锅中加油烧热，下肉丝炒至完全变色，然后依次倒入芹菜段、香干条，翻炒至食材熟透，加适量盐翻炒调味即可。

芹菜与肉搭配着吃，营养更均衡。

虾仁炒芹菜

养生功效：减脂降压、预防动脉硬化、缓解神经衰弱。

适宜人群：高血压、心脏病、失眠患者。

原料：芹菜300克，虾仁200克，料酒、盐各适量。

做法：①芹菜去根，择去老叶，洗净，切段；虾仁洗净。②芹菜在开水中焯一下，捞出。③油锅烧热，下虾仁翻炒，再加芹菜翻炒，最后加料酒、盐调味即可。

韭菜
润肠通便、助消化

韭菜常被用来做包子、饺子、馅饼的馅料，是人们非常喜爱的一种蔬菜。韭菜的叶、茎和花均可食用，具有补肾温阳、润肠通便的功效。

营养师解读食材

韭菜有"壮阳草"的别称，很多人便认为韭菜具有壮阳的作用，其实这是对韭菜功效的误读。韭菜含有微量元素锌，而锌对生殖功能具有重要作用，但是每百克韭菜中的锌含量仅为 0.25 毫克左右，对生殖功能的影响是非常有限的。韭菜含有较多的膳食纤维，可帮助润肠通便。韭菜还含有挥发性精油及硫化物等特殊成分，散发出一种独特的辛香气味，有助于疏调肝气，增进食欲，增强消化功能。

宜忌人群

适宜人群：一般人群均可食用，尤其适宜便秘、产后乳汁不足、寒性体质的人群。

禁忌人群：患有眼疾者慎食；有阳亢及热性病症的人忌食。

四季食材选购指南

春季的韭菜味道和营养价值都极佳，挑选时应选择叶直、鲜嫩、翠绿的；末端黄叶比较少、叶子颜色呈浅绿色，根部不失水、用手能掐动的韭菜比较新鲜。

宜

韭菜+虾皮：补钙强身，补肾助阳，温中开胃。
韭菜+绿豆芽：补肾，调五脏。
韭菜+猪肉：可补充蛋白质及维生素，提升免疫力。

不宜

韭菜+牛奶：牛奶含有丰富的钙质，与含草酸较多的韭菜混合食用，会影响人体对钙质的吸收。

营养师厨房的养生秘密

韭菜
（增进食欲）
韭菜散发出一种独特的辛香气味，有助于疏调肝气，增进食欲，但每次食用不宜过量，否则会出现腹泻、胃灼热等不适。

韭黄
（驱寒散瘀）
韭黄的营养价值虽不及韭菜，但具有驱寒散瘀、增强体力、增进食欲的作用。

这样吃更营养
春天的韭菜品质最佳，有利于养肝。

春天的韭菜最鲜嫩，所以春天是最适宜吃韭菜的季节。

韭菜虾皮炒鸡蛋

养生功效：补钙强身、补肾润肠、温中开胃。

适宜人群：一般人群均可食用。

原料：韭菜200克，鸡蛋2个，虾皮、盐各适量。

做法：①将韭菜洗干净，切成段备用；将鸡蛋磕入碗中，搅拌均匀。②将油锅烧至六成热，倒入鸡蛋液翻炒成块，盛出装盘。③将余油烧热，放入韭菜翻炒，快熟时倒入鸡蛋、虾皮翻炒几下，最后加盐调味即可。

韭菜炒豆芽

春夏吃可清热解暑，还有助于减肥。

养生功效：有很好的补肾、调五脏的功效。

适宜人群：老少皆宜，尤其适合便秘、肥胖者。

原料：韭菜、豆芽各100克，葱末、姜丝、盐各适量。

做法：①豆芽洗净，沥水；韭菜择洗干净，切段。②油锅烧热，放入葱末、姜丝爆香，放入豆芽略煸炒，下入韭菜炒熟，加盐调味即可。

韭菜豆渣饼

养生功效：降压、降脂、益肾，还能促进肠胃蠕动，预防肠癌。

适宜人群：便秘、肥胖者和"三高"人群。

原料：豆渣50克，韭菜50克，鸡蛋1个，玉米面30克，盐、香油各适量。

做法：①韭菜洗净，切碎；鸡蛋磕入碗中，搅拌均匀。②将鸡蛋液、韭菜末、豆渣掺入玉米面中，混合均匀，再加盐、香油调味，用手捏成圆饼形。③平底锅烧热，将圆饼在锅中煎至两面金黄即可。

生菜
预防肥胖、清热提神

生菜盛产于夏季，可蘸酱生吃，脆嫩爽口，因其茎叶中含有莴笋素，故略带苦味，用开水焯烫后凉拌，口感更好。

营养师解读食材

生菜特别受减肥人士的青睐，生菜中的膳食纤维含量很高，可增强饱腹感，有助于避免过量摄入导致肥胖，甚至有人研究出"生菜减肥法"。生菜又被称为"叶用莴笋"，茎叶中含有莴笋素，有清热提神、辅助治疗神经衰弱等功效。生菜中还含有一种叫原儿茶酸的物质，它对癌细胞有明显的抑制作用，尤其在抑制胃癌、肝癌、大肠癌等消化系统癌症方面效果显著。

宜忌人群

适宜人群：一般人群皆可食用，尤其适宜糖尿病、高血压、水肿、癌症患者。

禁忌人群：无。

四季食材选购指南

在春末初夏上市的生菜品质最好。挑选圆生菜时，要选松软叶绿、大小适中的。买散叶生菜时，要挑选叶片肥厚适中、叶质鲜嫩、叶绿梗白且无蔫叶的。储藏生菜时应远离苹果、梨和香蕉，以免诱发赤褐斑点。

宜

生菜 + 海带：可促进人体对铁元素的吸收。

生菜 + 菌菇：补脾益气，润燥化痰。

生菜 + 豆腐：高蛋白、低脂肪、低胆固醇。

不宜

生菜 + 蜂蜜：生菜富含膳食纤维，蜂蜜润肠利便，大量同食，易引起腹泻。

营养师厨房的养生秘密

圆生菜
（利尿）

水分多、口感清脆，含有甘露醇等有效成分，有利尿和促进血液循环的作用。

散叶生菜
（助消化）

含有丰富的β-胡萝卜素、钙、铁和膳食纤维，和肉类搭配食用，有健胃、助消化的作用。

这样吃更营养

生菜生吃最营养，可以夹在鸡蛋饼里吃，也可以拌沙拉或蘸酱吃。

在做好的煎饼中间加上生菜和培根，也是不错的吃法。

蚝油生菜

养生功效：排毒养颜、降脂瘦身、降血压。

适宜人群：女性、"三高"人群。

原料：生菜 300 克，蚝油、高汤、盐、白糖、料酒、蒜蓉各适量。

做法：①生菜剥片，洗净。②油锅烧热，放入生菜翻炒断生，装入盘中。③锅内留底油，放入蒜蓉炒香，加料酒、蚝油、高汤、盐、白糖做成酱汁，浇在生菜上即可。

奶汁烩生菜

脆嫩的生菜、西蓝花，解腻又爽口。

养生功效：补钙、防癌抗癌、增强免疫力。

适宜人群：癌症患者、青少年、中老年人。

原料：生菜 200 克，西蓝花 100 克，鲜牛奶 125 毫升，淀粉、盐、高汤各适量。

做法：①生菜、西蓝花洗净，切块。②热锅烧油，油热后倒入切好的菜翻炒，加盐、高汤调味，盛盘。③煮鲜牛奶，加一些高汤、淀粉，熬成浓汁，浇在菜上即可。

五色沙拉

养生功效：护肤养颜、抗衰老、瘦身。

适宜人群：肥胖者、女性。

原料：紫甘蓝 50 克，圣女果 2 个，洋葱、生菜、黄椒各 30 克，沙拉酱适量。

做法：①紫甘蓝、黄椒洗净，切丝；洋葱洗净，切圈。②圣女果洗净，对半切开；生菜洗净，用手撕开。③将紫甘蓝丝、黄椒丝、洋葱圈放入开水中焯一下，捞出沥干。④将所有食材加适量沙拉酱搅拌即可。

西红柿
减缓色斑沉着、促进食欲

西红柿在我国南北方都有广泛种植，味甘酸，汁多爽口，肉肥厚，既可当蔬菜来做菜，也可当水果食用。

营养师解读食材

西红柿是人们再熟悉不过的食材了，但对它的营养价值又了解多少呢，是否还只停留在"含有丰富的番茄红素"的层面？确实，西红柿中的番茄红素具有非常强的抗氧化作用，会令长皱纹等肌肤老化现象来得更晚一些，还能够有效预防癌症，帮助降血压和血脂，防止血栓的形成。西红柿内的苹果酸和柠檬酸等有机酸，还有增加胃液酸度，帮助消化，调整胃肠功能的作用。常吃西红柿，可减缓色斑沉积，抵抗衰老，增强机体免疫力，减少疾病的发生，故西红柿拥有"长寿果"之美誉。

宜忌人群

适宜人群：一般人群均可食用，尤其适宜发热、口渴、食欲不振、习惯性牙龈出血、贫血、头晕、心悸、高血压、急慢性肝炎、急慢性肾炎、夜盲症和近视眼者食用。

禁忌人群：急性肠炎、细菌性痢疾及溃疡活动期病人不宜食用。

四季食材选购指南

自然生长的西红柿会在盛夏成熟，这时候是购买西红柿的最佳时机。质量好的西红柿颜色鲜艳、脐小、无畸形、无虫疤、不裂不伤、个大均匀。

宜

西红柿 + 三文鱼：滋润肌肤，抗衰老。

西红柿 + 芹菜：降血压，降血脂，健胃消食。

西红柿 + 圆白菜：预防癌症，促进血液循环。

不宜

西红柿 + 猪肝：西红柿富含维生素C，猪肝中的铜、铁离子会使维生素C氧化，降低其营养价值。

营养师厨房的养生秘密

西红柿
（防癌抗癌）

西红柿中含有的番茄红素有助于降低肺癌发病概率，对吸烟人群来说是天然的抗癌食物。

圣女果
（补血养血）

香甜鲜美，风味独特，有补血养血和促进食欲的功效。

番茄酱
（促进食欲）

味道酸甜可口，可促进食欲，搭配肉类食用，更有利于番茄红素的吸收。

西红柿酸甜可口，凉拌、热食都很美味。

凉拌西红柿

养生功效：生津止渴、健胃润肠，丰富的番茄红素对心血管有益，尤其适合在夏季食用。

适宜人群：一般人群均可食用。

原料：西红柿 300 克，白糖适量。

做法：①洗净西红柿，切成薄厚适当的片，装盘备用。②食用前撒上白糖即可。

芦笋西红柿

养生功效：生津止渴、健胃消食、促进食欲。

适宜人群：一般人群均可食用。

原料：芦笋 6 根，西红柿 1 个，盐、香油、葱末、姜片各适量。

做法：①西红柿洗净，切片；芦笋洗净，焯烫后捞出，切成小段。②锅中倒油烧热，煸香葱末和姜片，放入芦笋段、西红柿片一起翻炒。③翻炒至八成熟时，加适量盐、香油翻炒均匀即可。

加入少许白糖，可以让味道更鲜美。

西红柿玉米羹

养生功效：为人体提供丰富的膳食纤维，健脾益胃。

适宜人群：一般人群均可食用。

原料：西红柿 1 个，玉米粒 150 克，奶油、香菜叶、盐各适量。

做法：①西红柿洗净，烫后去皮，切丁；玉米粒洗净。②锅中注水煮沸，放入玉米粒稍煮，倒入西红柿煮沸，再放入奶油，加盐调味，最后撒香菜叶即可。

黄瓜
降脂减肥、降血糖

黄瓜是夏季消暑的必备食材，凉拌口感清凉脆爽，炒食味道清淡爽口。黄瓜营养高、热量低，深受减肥人士的欢迎，还具有清热利水、解毒消肿、生津止渴的功效。

营养师解读食材

新鲜的黄瓜在整个夏季都可以吃到，而且热量低，适宜减肥者食用。黄瓜可以直接吃，也可以凉拌，建议不要去掉黄瓜皮，因为其中含有丰富的膳食纤维，对促进人体肠道内腐败物质的排出和降低胆固醇有一定作用。黄瓜含有丰富的维生素 E 和黄瓜酶，可润肤养颜、抗衰老；黄瓜还可促进胰腺分泌胰岛素，帮助降低血糖；黄瓜中所含的丙醇二酸，可抑制糖类物质转变为脂肪。

宜忌人群

适宜人群：一般人群均可食用，尤其适宜热病患者及肥胖、高血压、高脂血症、水肿、癌症、糖尿病患者。

禁忌人群：脾胃虚弱、腹痛腹泻、肺寒咳嗽者；肝病、心血管病、肠胃病患者慎食。

四季食材选购指南

虽然现在一年四季都可以吃到黄瓜，但最佳的食用季节还是夏季。好的黄瓜挺直鲜嫩，顶花带刺，无烂伤。瓜皮潮湿，萎蔫无刺，有褐色斑或凹陷的不要购买。

宜

黄瓜 + 蒜：减肥养颜。

黄瓜 + 猪肉：滋阴养血。

黄瓜 + 海蜇：降脂减肥。

黄瓜 + 拉皮：排毒瘦身。

不宜

黄瓜 + 花生：黄瓜性凉味甘，而花生多油脂。二者同食，会增加其滑利之性，易导致腹泻。

营养师厨房的养生秘密

刺黄瓜
（减脂降糖）

口感清脆，富含膳食纤维，含糖量低，适合减肥人士和糖尿病患者食用。

秋黄瓜
（安神定志）

瓜条呈短棒形，色泽嫩绿，口感甜嫩，含有维生素 B，对改善大脑和神经系统功能有利，能安神定志，辅助治疗失眠症。

迷你黄瓜
（减肥）

迷你黄瓜的丙醇和乙醇含量较高，主要作用是抑制糖类转化为脂肪，所以有减肥的作用。

小黄瓜
（美容养颜）

还未成熟的小黄瓜，果肉脆甜多汁，可以清炒，具有美容养颜的功效。

想减肥的人可每天吃一根生黄瓜，有利于降低体脂。

蒜醋黄瓜片

养生功效： 美白嫩肤、瘦身减肥，黄瓜富含的胡萝卜素还能杀菌消毒、提振食欲。

适宜人群： 一般人群均可食用，尤其适合痛风患者。

原料： 黄瓜 1 根，蒜末、醋、盐各适量。

做法： ①黄瓜洗净，切成薄片，用盐腌制 20 分钟左右。②用冷水冲去黄瓜片表面的盐分，沥干。③将盐、蒜末、醋放入黄瓜片中，搅拌均匀即可。

蒜醋黄瓜片清脆爽口，是开胃的首选。

黄瓜炒肉片

养生功效： 止渴润燥、滋阴养血，可改善贫血症状。

适宜人群： 一般人群均可食用。

原料： 黄瓜 1 根，猪肉 100 克，木耳 15 克，盐、白胡椒粉、淀粉各适量。

做法： ①黄瓜洗净，切片；木耳泡好，洗净，撕成小朵；猪肉洗净，切片，用盐、淀粉腌制片刻。②油锅烧热，下猪肉翻炒，然后加入黄瓜、木耳一起翻炒。③加盐、白胡椒粉调味，炒至食材全熟即可。

芹菜黄瓜汁

养生功效： 两种食材热量都很低，同时食用可以降脂降压，瘦身减肥。

适宜人群： 适合高血压、高脂血症、肥胖症、痛风患者食用。

原料： 芹菜 100 克，黄瓜 1 根。

做法： ①黄瓜洗净，切丁；芹菜去根、去叶，洗净，切段。②将食材放入榨汁机中，加适量温开水，榨出汁即可。

加点蜂蜜，味道清香又甘甜。

冬瓜
减肥降脂、利尿消肿

冬瓜成熟后表皮有一层白粉状的物质，好像冬天的白霜，因此，冬瓜也被称为"白瓜"。冬瓜适合采用炖、炒、烧等方式烹调，味道清淡，具有消肿利尿、消脂减肥的功效。

营养师解读食材

冬瓜是一种药食两用的瓜类蔬菜，果皮和种子的药用价值更高，有消炎、利尿的功效。

冬瓜果肉中膳食纤维含量高，具有缓解便秘、美容养颜、改善血糖水平、降低体内胆固醇、降血脂、防止动脉硬化等作用。冬瓜含有丙醇二酸，能抑制体内糖类物质转化为脂肪，防止脂肪堆积，有良好的减肥功效。冬瓜还可调节免疫功能，具有保护肾功能的作用。

宜忌人群

适宜人群：老少皆宜，尤其适宜肾脏病、糖尿病、冠心病、高血压患者。

禁忌人群：脾胃虚寒者不宜多食。

四季食材选购指南

冬季不适合常吃冬瓜，因为冬瓜性偏凉，更适合夏季食用。挑选时只需用指甲掐一下冬瓜皮，皮较硬、肉质紧密的为佳。存放时不要倒放，否则易变质难久藏。

宜

冬瓜＋海米：补肾助阳。

冬瓜＋猪肉：健脾益心。

冬瓜＋白菜：清热解毒。

冬瓜＋红枣：减肥降脂。

不宜

冬瓜＋红豆：红豆有利水消肿的功效，冬瓜性凉利水，二者大量同食会使尿量增多，可能会出现脱水现象。

营养师厨房的养生秘密

这样吃更营养

冬瓜切成薄片清炒，最能发挥清热利尿的效果。

核心营养素
（丙醇二酸）

抑制体内糖类物质转化为脂肪，可预防高血压、肥胖症等疾病。

食疗方

冬瓜皮和西瓜皮一起熬煮成汤，有清热消暑的功效。

孕期水肿的孕妈妈适合吃些冬瓜，利水消肿。

香菇烧冬瓜

养生功效：这道菜含蛋白质、多种维生素和矿物质，且热量低。

适宜人群：一般人群均可食用。

原料：香菇250克，冬瓜500克，水淀粉、姜片、葱段、酱油、盐、白糖各适量。

做法：①冬瓜洗净，去皮，切成片；香菇洗净，去蒂，切片。②热锅内加油，烧热后放入姜片、葱段，放入冬瓜，煸炒片刻，加适量水、酱油。③放入香菇略炒，然后加盐、白糖，用水淀粉勾芡即可。

清炖冬瓜鸡

养生功效：有健脾养胃、润肤养颜的功效。

适宜人群：一般人群均可食用。

原料：冬瓜100克，三黄鸡300克，姜片、盐、葱段各适量。

做法：①三黄鸡处理干净，切块备用；冬瓜洗净，去皮，切块。②锅中加适量水，放入姜片、葱段、三黄鸡，大火烧开后改小火炖煮。③鸡肉快熟烂时加入冬瓜，煮10~15分钟，加盐调味即可。

冬瓜丸子汤

养生功效：可提供蛋白质、多种维生素及矿物质。

适宜人群：一般人群均可食用，尤其适合青少年。

原料：猪肉末、冬瓜各100克，鸡蛋1个（取蛋清），姜末、盐、香菜、香油各适量。

做法：①冬瓜洗净削皮，切成薄片；香菜洗净切段；肉末放入碗中，加入蛋清、姜末、盐，搅拌均匀。②锅中加水烧开，调小火，把肉馅挤成均匀的肉丸了，放入锅中，用汤勺轻轻推动，使之不粘连。③丸子全部挤好后开大火将汤烧沸，放入冬瓜片煮5分钟，加盐调味，放入香菜，滴入香油即可。

丝瓜
嫩肤、美白

丝瓜是夏季常见的蔬菜，嫩丝瓜可食用，食用时应去皮；老丝瓜晒干后可制作成丝瓜络，用来洗碗、刷锅。丝瓜具有清凉、活血、解毒的功效。

营养师解读食材

炎热的夏季，做一锅丝瓜汤降降火是很多家庭的选择。丝瓜的清热功效已为大家所熟知，另外，丝瓜还具有化痰、下乳的作用，适合咳嗽多痰的患者及产后乳汁不下的产妇食用。丝瓜可嫩肤美白，消除斑点，防止皮肤老化，是大自然馈赠的美容佳品。丝瓜藤和茎的汁液有保持皮肤弹性的特殊功能，能美容去皱，因此丝瓜有"美人水"之称。

宜忌人群

适宜人群：一般人群均可食用，尤其适宜身体疲乏、痰喘咳嗽的人和月经不调、产后乳汁不通的女性。

禁忌人群：体虚内寒、腹泻者慎食。

四季食材选购指南

夏季常吃丝瓜可消暑降火，凉血解毒。选购丝瓜时应挑选比较鲜嫩的，嫩丝瓜柔软而有弹性，棱边也较软，外形稍细小；老丝瓜棱边较硬，粗糙没有弹性。

宜

丝瓜 + 鸡蛋：润肺，补肾，美肤。

丝瓜 + 毛豆：清热祛痰，防止便秘、口臭。

丝瓜 + 红糖：丝瓜通经络、行血脉，搭配红糖，有很好的补血调经的功效。

不宜

丝瓜 + 泥鳅：丝瓜含有较多的维生素 B_1，而泥鳅中的维生素 B_1 分解酶会对维生素 B_1 起破坏作用，使其营养价值降低。

营养师厨房的养生秘密

丝瓜
（美容）

丝瓜汁水丰富，将丝瓜汁液涂抹于面部，可起到清洁、紧致、润泽肌肤的功效。

丝瓜络
（通乳、开胃化痰）

丝瓜成熟时里面的网状纤维为丝瓜络，将丝瓜络放在高汤内炖煮，可以起到通乳和开胃化痰的功效。

烹制丝瓜时宜现切现做，以免营养成分随汁水流走。

丝瓜炖豆腐

养生功效：宽中益气、补肝健胃、清热解毒，尤其适合在夏天食用。

适宜人群：老年人、儿童、女性。

原料：丝瓜、豆腐各100克，高汤、盐、葱花、香油各适量。

做法：①豆腐洗净，切小块，焯烫一下；丝瓜洗净去皮，切小块。②油锅烧热，放入丝瓜块煸炒至发软，放入高汤、盐大火烧开。③下入豆腐块，转小火约炖10分钟后关火，淋上香油、撒葱花后盛出即可。

烹制丝瓜汤时少用胡椒粉、味精，以免抢味。

丝瓜炒虾仁

养生功效：润肤美白、清热解毒。

适宜人群：一般人群均可食用，尤其适合女性。

原料：虾仁200克，丝瓜块100克，生抽、水淀粉、葱段、姜片、香油、盐各适量。

做法：①虾仁用生抽、水淀粉、盐腌5分钟。②油锅烧热，将虾仁过油，盛出；用葱段、姜片炝锅，放入丝瓜块，炒至发软。③放入虾仁翻炒，加香油、盐调味即可。

双椒丝瓜

养生功效：通乳下奶、减肥瘦身。

适宜人群：哺乳妈妈、肥胖者、痛风患者。

原料：丝瓜300克，青、红椒各1个，葱段、姜丝、盐、料酒、高汤各适量。

做法：①丝瓜去皮，洗净，切薄片；青、红椒去蒂、去子，洗净，切成菱形片。②锅置大火上，油热时将葱段、姜丝和青、红椒片一起炝锅，煸出香味，下入丝瓜片翻炒片刻，放入盐、料酒和少许高汤，翻炒至熟即可。

苦瓜
清热消暑

苦瓜因其味道苦涩而得名，很多人不爱吃，但是它具有清热、明目、利尿、清心等功效，是夏季厨房不可缺少的食材。

营养师解读食材

苦瓜外形如瘤状突起，味道又苦，但这并不妨碍它具有诸多的养生功效。苦瓜具有清热消暑、养血益气、补肾健脾、滋肝明目的功效，对缓解痢疾、疮肿、中暑发热、痱子、结膜炎等病症有一定的作用。苦瓜中的有效成分可以抑制正常细胞的癌变和促进突变细胞的复原，具有一定的抗癌作用。苦瓜还有促进降血糖、降血脂、预防骨质疏松、调节内分泌、抗氧化、抗菌以及提高人体免疫力等作用。苦瓜能滋润皮肤，在燥热的夏天，敷上冰过的苦瓜片，能润泽和舒缓晒伤的肌肤。

宜忌人群

适宜人群：一般人群均可食用，糖尿病、癌症患者尤其适宜。

禁忌人群：苦瓜性凉，脾胃虚寒者慎食。

四季食材选购指南

夏季吃苦瓜能够清热解暑、清心去火，可以凉拌吃。不喜欢吃太苦的苦瓜，就挑选棱形花纹的苦瓜，口感更脆爽；能接受苦味的话，可以选择瘤形花纹的苦瓜，水分少，苦味较重。外形以瓜身周正、不烂不伤的为佳。储存时放冰箱冷藏即可。

宜

苦瓜 + 茄子：苦瓜清心明目，益气壮阳；茄子去痛活血，清热消肿，解痛利尿。

苦瓜汁 + 菠萝汁：清热解毒，益气补脾，降血脂，非常适合在夏天饮用。

不宜

苦瓜 + 茶叶：苦瓜性寒，多食易伤胃。吃苦瓜后再喝茶，茶碱会进一步刺激肠胃。

营养师厨房的养生秘密

这样吃更营养
将新鲜苦瓜加水果一起榨成汁，是夏季消暑解渴的极佳饮料。

核心营养素
（苦瓜素）
苦瓜素被誉为"脂肪杀手"，有降压、降糖、降脂的功效。

食疗方
用苦瓜制成苦瓜菜，夏季食用可清火消暑。

如果不怕苦味，可以不用焯烫直接炒食苦瓜。

拌苦瓜条

养生功效：降低血糖、消暑除烦、清热明目、利尿消炎。

适宜人群：痛风、糖尿病患者。

原料：苦瓜100克，红椒丝、香油、醋、盐各适量。

做法：①苦瓜洗净，对半切开，刮去内瓤后，切细条。②将苦瓜放入开水中焯烫一下，捞出。③将醋、盐与苦瓜、红椒丝拌匀，淋上香油即可。

苦瓜焖鸡翅

养生功效：二者同食，可以温中益气、调养五脏、健脾保肝。

适宜人群：青少年、女性。

原料：苦瓜200克，鸡翅5个，盐、姜末、香油、红椒丝各适量。

做法：①苦瓜洗净，去瓤，切块；鸡翅洗净。②锅中加适量水，煮开后加入鸡翅焖煮至八成熟。③加入苦瓜、姜末、红椒丝煮至熟烂，起锅前加盐调味，最后淋上香油即可。

为保持苦瓜的味道，最好别放酱油。

菠萝苦瓜汁

养生功效：清热解毒、益气补脾、降血脂，非常适合在夏天饮用。

适宜人群：老年人、工作压力大的人群。

原料：菠萝半个，苦瓜1根，盐适量。

做法：①菠萝洗净，去皮，切块，用盐水浸泡片刻。②苦瓜洗净，去瓤，切小块。③将两种食材放入榨汁机中，加水榨成汁即可。

茄子
软化血管、降血压

茄子的吃法有很多，荤素皆宜。吃茄子最好不要去皮，常吃带皮的茄子有助于促进维生素C的吸收，并且可清热消肿、软化血管。

营养师解读食材

很多人觉得茄子皮口感不好，常常弃之不用，其实茄子皮里含有丰富的B族维生素，它是推动体内代谢不可缺少的营养素，对维持人体正常代谢有重要作用。另外，茄子含丰富的维生素P，这是一种黄酮类化合物，有软化血管的作用，可以降血压。茄子还含有葫芦巴碱及胆碱，在小肠内能与胆固醇结合，使之排出体外，以保持身体血液正常循环，降低胆固醇。茄子还可以清肠消脂，有助于减肥。在夏季，茄子可清热解暑，对于夏季容易长痱子、生疮疖的人，尤为适宜。

宜忌人群

适宜人群：一般人群均可食用，尤其适宜女性及老人。

禁忌人群：脾胃虚寒、哮喘、便溏、体弱者不宜多吃。

四季食材选购指南

秋后的茄子含有较多茄碱，不宜多吃。茄子性寒凉，吃茄子最好的季节是夏季。茄子宜选鲜嫩有光泽、根部有刺、不烂不伤、表皮无皱纹、用手触摸有柔软感的。要保存的茄子不要用水洗，放在阴凉通风处储存。

宜

茄子＋辣椒：改善血管功能，美白。

茄子＋猪肉：和胃健脾，延缓衰老。

茄子＋菠菜：加快血液循环，预防癌症。

不宜

茄子＋螃蟹：螃蟹性寒味咸，茄子甘凉滑利，二者同为寒性，同时食用有损肠胃，易导致腹泻。

营养师厨房的养生秘密

紫皮茄子
（保护血管）

紫茄子含有丰富的维生素P，它能增加微血管壁的抗压能力，改善血管功能。

绿皮茄子
（抗衰老）

绿茄子多为灯泡状，含有维生素E，有防止出血和抗衰老的功效。

白皮茄子
（祛斑美容）

白茄子除了可供食用外，其外皮还具有药用价值，可用于祛斑美容、治疗风湿性关节痛等。

茄子切好后应立即浸泡在淡盐水中，否则容易变黑。

凉拌茄子皮

养生功效： 茄子富含维生素 E，有很好的抗氧化功效，食用本菜可以养颜美容，还可祛风降脂。

适宜人群： 一般人群均可食用，尤其适合女性、老年人。

原料： 茄子 500 克，姜末、盐、醋、香油、酱油、蒜蓉各适量。

做法： ①茄子洗净，取皮，切大片。②茄子皮在蒸锅中蒸熟后，凉凉盛盘。③将盐、醋、香油、酱油、姜末搅匀后淋在茄子皮上，撒上蒜蓉即可。

肉末烧茄子

养生功效： 可补充丰富的维生素 A、B 族维生素及维生素 C，和胃健脾，延缓衰老。

适宜人群： 中青年人。

原料： 茄子 1 根，猪肉末 100 克，葱花、姜末、盐、白糖、料酒各适量。

做法： ①猪肉末中加盐、料酒、白糖搅匀；茄子洗净，去皮，切成小块。②油锅烧热，加姜末爆香，然后加猪肉末炒散，放入茄子继续翻炒。③起锅前加盐调味，撒上葱花即可。

蒜香茄子

养生功效： 本菜富含维生素 C 与花青素，还富含磷、铁和氨基酸，可补肝益肾，提高机体免疫力。

适宜人群： 一般人群均可食用，尤其适合孕妇。

原料： 茄子 400 克，香菜末 15 克，蒜蓉、酱油、香油、白糖、盐各适量。

做法： ①茄子放入盐水中浸泡 5 分钟，捞出，切成条，放入热油中煎软。②放酱油、少许白糖、盐和蒜蓉翻炒。③烧至入味后，淋上香油，撒上香菜末即可。

白萝卜
促进消化、开胃健脾

白萝卜可以生吃，也可煲汤或腌制做小菜，味道略带辛辣，具有清热生津、凉血止血、下气宽中、消食化滞、开胃健脾、顺气化痰的功效，可以辅助治疗多种疾病。

营养师解读食材

"冬吃萝卜夏吃姜，不劳医生开药方"，这里的萝卜就是指白萝卜，可见其食疗保健作用之高。白萝卜含芥子油、淀粉酶和膳食纤维，具有促进消化、增强食欲、加快胃肠蠕动和止咳化痰的作用。白萝卜中的木质素，能提高巨噬细胞的活力，帮助吞噬癌细胞。此外，白萝卜所含的多种酶，能分解致癌的亚硝酸铵，具有防癌作用。白萝卜还含有丰富的维生素C，能防止皮肤老化，阻止色斑的形成，保持皮肤白嫩。

宜忌人群

适宜人群：一般人群均可食用。

禁忌人群：脾虚泄泻者慎食；胃溃疡、十二指肠溃疡、慢性胃炎、单纯性甲状腺肿、子宫脱垂等患者忌吃。

四季食材选购指南

冬季食用白萝卜可促进消化、提高免疫力等。购买白萝卜时宜选茎身须根少、皮色光洁、不伤不冻、不裂不烂、没有黑心的。把白萝卜上长叶的地方削去，然后放到保鲜袋里封口，放到阴凉干燥处保存。

宜

白萝卜＋海蜇皮：降低血脂，开胃消食。

白萝卜＋羊肉：补脾益心，通气活血。

白萝卜＋猪肉：润肠通便，预防感冒。

不宜

白萝卜＋人参：人参补气，白萝卜破气，药理作用不同，不可同时吃。

营养师厨房的养生秘密

白萝卜
（助消化、止咳）
营养成分比较均衡，白萝卜榨汁饮用或涂擦，可辅助治疗哮喘、胃病、烫伤、咳嗽痰多等。

青萝卜
（控制体重）
青萝卜所含热量低、膳食纤维含量高，食用后容易产生饱腹感，对维护肠道健康和控制体重有利。

红心萝卜
（助消化）
红心萝卜俗称冰糖萝卜，又叫"心里美"，具有健脾化滞的功效。与醋配凉拌，可促进消化。

水萝卜
（排毒养颜）
水萝卜所含热量低，维生素C含量却很高，可以拿它当水果吃，有助于美白皮肤、排毒养颜。

吃肉比较多时，吃些白萝卜有助于消化。

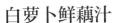

白萝卜炖羊肉

养生功效：温中开胃、补脾益心、壮筋骨、御风寒。

适宜人群：气虚人群、贫血患者、中青年男性。

原料：羊肉丁100克，豌豆20克，白萝卜50克，姜片、盐、香菜叶、醋各适量。

做法：①白萝卜洗净，去皮切成丁；豌豆洗净，备用。②将萝卜丁、羊肉丁、豌豆放入锅内，加入适量清水大火烧开。③放入姜片改用小火炖至肉熟烂，加入盐、醋和香菜叶调味即可。

白萝卜鲜藕汁

养生功效：可治疗缺铁性贫血，还可以预防感冒。

适宜人群：贫血患者、感冒咳嗽患者、口舌干燥者。

原料：白萝卜300克，莲藕200克，蜂蜜适量。

做法：①白萝卜、莲藕洗净，切块榨汁。②将白萝卜汁与莲藕汁混合，再加入适量蜂蜜，搅拌均匀即可。

此款饮品可做日常保健饮品。

白萝卜粥

养生功效：白萝卜与大米同食，具有消胀满、降脂降压、化痰热的功效。

适宜人群：一般人群均可食用，尤其适合痰湿体质。

原料：白萝卜、大米各100克，葱花、盐各适量。

做法：①白萝卜洗净，切成丁，撒少许盐抓腌一下（去涩味）后用水洗干净，沥水；大米淘洗干净备用。②将大米、水放入砂锅，大火烧沸，加入白萝卜丁，转小火煮至粥黏稠，撒卜葱花即可。

豆角
增进食欲

豆角是特别大众化的蔬菜之一,盛产于夏季,嫩豆荚肉质肥厚,炒食脆嫩,也可烫后凉拌或腌泡食用。

营养师解读食材

豆角提供了易于人体消化吸收的优质蛋白质,适量的碳水化合物及多种维生素、微量元素等,所含的 B 族维生素能维持正常的消化腺分泌和胃肠道蠕动功能,抑制胆碱酶活性,可帮助消化,增进食欲。豆角中所含的维生素 C 能促进抗体的合成,可提高机体免疫力。豆角中的磷脂有促进胰岛素分泌、参加糖代谢的作用,是糖尿病患者的理想食物。

宜忌人群

适宜人群:一般人群均可食用,尤其适宜糖尿病、肾虚、尿频、遗精及某些妇科功能性疾病患者。

禁忌人群:气滞便结者慎食。

四季食材选购指南

自然生长的豆角多在夏季采摘,不过如今四季都能吃到豆角。选购时以粗细匀称、子粒饱满的为优。豆角通常直接放在食品袋或保鲜袋中冷藏,能保存 5~7 天。

宜

豆角 + 猪肉:强健身体,增进食欲。

豆角 + 茄子:降低血糖,清热解毒。

豆角 + 土豆:促进消化,预防肠胃炎,防治呕吐、腹泻等症。

豆角 + 木耳:对高血压、高脂血症、糖尿病、心血管病有防治作用。

营养师厨房的养生秘密

豇豆
（提高免疫力）

豇豆含有丰富的维生素 C,可促进人体对铁的吸收,预防贫血,并能提高人体的免疫力。

四季豆
（健脾、润肠、排毒）

四季豆富含蛋白质、膳食纤维,常食可健脾胃,增进食欲,有助于润肠排毒。

扁豆
（保护心脑血管）

含钾高,含钠低,经常食用有利于保护心脑血管,调节血压。

荷兰豆
（抗衰老）

营养价值高,风味鲜美,并具有、美容保健功能,荷兰豆必须完全煮熟后才可以食用,否则可能发生中毒。

焯烫时可在水中放少许盐来保持豆角翠绿的颜色。

肉末豆角

养生功效：强健身体、健胃消食。

适宜人群：一般人群均可食用。

原料：猪肉末100克，豆角300克，姜末、蒜蓉、料酒、酱油、白糖、盐各适量。

做法：①猪肉末中加料酒、酱油、白糖、盐搅匀；豆角择洗干净，切段，焯水后捞出。②热油锅中倒入猪肉末翻炒，再加豆角、姜末、蒜蓉一起炒。③炒熟后加盐调味即可。

豆角焖米饭

养生功效：补充蛋白质，可健胃润肠、强身健体。

适宜人群：中老年人、孕妇。

原料：大米200克，豆角100克，盐适量。

做法：①大米、豆角洗净。②豆角切粒，放在油锅里略炒一下。③将豆角粒、大米放在电饭锅里，再加入比焖米饭时稍多一点的水焖熟即可，根据自己的口味适当加盐。

豆角和米饭一起焖着吃，香而不腻，简单可口。

豆角烧荸荠

养生功效：富含胡萝卜素，利于眼睛健康。

适宜人群：孕妇、儿童、肥胖症患者。

原料：牛肉50克，豆角、去皮荸荠各30克，葱姜末、盐、淀粉、高汤各适量。

做法：①荸荠洗净，切片；豆角洗净，斜切成段；牛肉洗净，切成片，用少量葱姜末、淀粉、盐拌匀，腌10分钟。②锅内放油烧热，下入牛肉片，用小火炒至变色，下入豆角段炒匀，再放入余下的葱姜末，加高汤烧至将熟。③下入荸荠片，炒匀至熟，加适量盐即可。

青椒
降脂减肥

又被称为菜椒、柿子椒，青椒的果肉肥厚，味道微甜，几乎不辣，有温中散寒、开胃消食的功效。

营养师解读食材

青椒适用于炒、拌、炝等烹饪方式，青椒炒鸡蛋、青椒炒肉都是上桌率较高的快手菜。青椒营养丰富，富含B族维生素、维生素C和胡萝卜素，具有促进消化、增进食欲、加快脂肪代谢等功效。青椒的水分含量高，热量低，但随着它的成熟，水分含量会降低，热量会增高。青椒具有消除疲劳的重要作用，而且青椒还含有能促进维生素C吸收的维生素P。维生素P能强健毛细血管，预防动脉硬化与胃溃疡等疾病的发生。

宜忌人群

适宜人群：一般人群均可食用。

禁忌人群：患有眼疾、食管炎、胃肠炎、胃溃疡、痔疮的人慎食；热证或阴虚火旺、高血压、肺结核患者慎食。

四季食材选购指南

青椒的自然成熟期在夏季，晚一些的能到秋季。选购时应选择表皮光滑的，并查看绿色的蒂，避免有发软和凹下去的部分。储存时注意不要让青椒带水，不要去蒂，用保鲜袋密封并放入冰箱冷藏室即可。

宜

青椒 + 鸡肉：减肥瘦身。

青椒 + 茄子：增强免疫力。

青椒 + 猪肉：补中益气，滋养内脏。

青椒 + 猪肝：补血养肝。

不宜

青椒 + 羊肝：青椒富含维生素C，而羊肝内含有的金属离子会破坏维生素C，削弱营养价值。

营养师厨房的养生秘密

青椒
（帮助消化）

青椒果肉厚而脆嫩，所含的辣椒素能增进食欲、帮助消化、防止便秘。

辣椒
（增进食欲）

除了B族维生素、维生素C，铁、锌、硒等微量元素含量也很高，因其口味更辣，减肥、燃脂的功效更强。

彩椒
（缓解便秘）

孕妇可以多吃点，有利于缓解孕期便秘，并可补充叶酸和维生素C等营养素。

干辣椒
（解热镇痛）

干辣椒温中散寒，能够通过发汗而降低体温，并缓解肌肉疼痛，因此具有较强的解热镇痛作用。但是干辣椒辛辣，刺激性强，不宜多吃。

烹饪时大火快炒，可保留青椒原有的色味。

青椒炒玉米

养生功效：补充维生素 C，还可以促进肠胃蠕动、增进食欲。

适宜人群：老人、儿童，以及经常在外吃饭者。

原料：玉米粒 150 克，青椒半个，盐适量。

做法：①玉米粒洗净；青椒洗净去蒂，切小片。②油锅烧热，下玉米粒翻炒片刻。③加青椒继续翻炒。④将熟时加盐调味即可。

青椒炒肉

养生功效：合理的荤素搭配，保障营养均衡全面，补中益气，滋养五脏。

适宜人群：一般人群均可食用。

原料：猪瘦肉 150 克，青椒 200 克，盐适量。

做法：①猪瘦肉洗净，切片；青椒洗净去蒂，切片。②油锅烧热，加入猪瘦肉翻炒。③猪肉炒至变色后，加入青椒翻炒。④待食材全熟后，加盐调味。

青椒炒鸡丁

养生功效：减肥瘦身、美容养颜。

适宜人群：一般人群均可食用，尤其适合孕妇食用。

原料：鸡胸肉 200 克，青椒半个，盐、料酒、淀粉各适量。

做法：①鸡胸肉洗净，切成丁放入碗中，加盐、料酒、淀粉、少量油，腌 10 分钟。②青椒洗净去蒂，切成丁。③油锅烧热，下鸡丁炒至变色，加青椒一同翻炒至熟，加盐即可。

此菜中还可加入冬笋，会更清脆爽口。

莲藕
清热止咳

莲藕是莲花的根茎，莲藕家常做法非常多，可生食也可做菜，还能做成各种甜点，有清热生津、凉血、散瘀、止血等功效。

营养师解读食材

莲藕生长在淤泥中，其性寒，有清热凉血的功效，对治疗热证很有帮助。莲藕含有的鞣质，具有健脾止泻的作用，能增进食欲，促进消化。莲藕富含钾、钙等矿物质及植物蛋白质和多种维生素，具有增强人体免疫力、补血益气的作用。莲藕含有大量单宁酸，有收缩血管的作用，有助于止血。

宜忌人群

适宜人群：一般人群均可食用，尤其适宜食欲不振、肺炎、肠炎患者及中老年人。

禁忌人群：产妇不宜过早食用，患风寒感冒或者脾胃虚弱的人应少吃。

四季食材选购指南

食用莲藕，要挑选外皮呈黄褐色、肉肥厚而白的，如果发黑，有异味，则不宜食用；要选择藕节短、藕身粗、藕孔小的。保存莲藕不要用清水清洗，可以糊上一些泥巴，放在阴凉湿润处保存。

宜

莲藕+牛蒡：有排毒的功效。

莲藕+虾：改善肝脏功能。

莲藕+猪小排：滋阴养肾，补血养气。

不宜

莲藕+白萝卜：生食寒性较大。

营养师厨房的养生秘密

这样吃更营养
将莲藕切成薄片，开水焯烫后凉拌，不仅爽脆可口，还具有清热润肺的功效，但脾虚胃寒、易腹泻者不宜食用生藕。

核心营养素
（单宁酸）
单宁酸有消炎和收敛的功效，可改善脾胃虚弱，减轻肠胃负担。

食疗方
夏季闷热时，将莲藕与梨等混合榨汁饮用，能够治疗口渴、焦躁等症状。

炒莲藕的时候不宜用铁锅，否则会变色变味。

香橙蜜藕

放入冰箱冷藏后食用味道更佳。

养生功效：不但滋阴养血、补益五脏，还有很好的健脾开胃、提振食欲的功效。

适宜人群：一般人群均可食用，尤其适合女性。

原料：莲藕200克，橙汁、蜂蜜各适量。

做法：①莲藕洗净，去皮，切薄片。②莲藕片在开水中焯熟，凉凉。③将橙汁与蜂蜜调匀，淋在莲藕片上即可。

荷塘小炒

养生功效：清热去火、排毒养颜。

适宜人群：更年期女性、中老年人。

原料：莲藕片100克，胡萝卜片、荷兰豆各50克，木耳、水淀粉、盐各适量。

做法：①木耳洗净，泡发，撕小朵；荷兰豆洗净。②水淀粉加盐，调成芡汁。③将全部食材焯至断生，捞出沥干。④油锅烧热，放入全部食材炒香，浇入芡汁勾芡即可。

炸藕合

养生功效：补血益气、补充体力。

适宜人群：一般人群均可食用。

原料：莲藕200克，猪肉末100克，盐、酱油、料酒、蛋清、淀粉、面粉、葱末、姜末各适量。

做法：①莲藕洗净，切厚片，从中间切一刀，不要切断。②猪肉末中加盐、酱油、料酒、蛋清、姜末、葱末拌匀，塞入藕片中。③将面粉、淀粉、蛋清加水，搅成面糊。④油锅烧热，将莲藕包裹上面糊，放入油锅中炸至金黄即可。

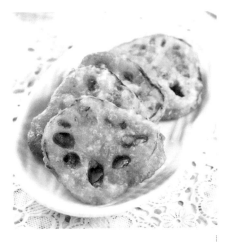

南瓜
降低血糖

南瓜外形可爱，口感甜糯，是老少皆宜的食材，可熬粥、煮汤，也可以做甜点或面食。南瓜养生功效高，还可消炎止痛。

营养师解读食材

大多数老年人比较爱吃南瓜，绵软适口，而且对老年人的肠胃有保护作用。南瓜含有维生素和果胶，果胶有很好的吸附性，能将体内有害物质(铅、汞等重金属和放射性元素等)排出体外，起到解毒作用，还可以保护胃肠道黏膜，促进溃疡愈合，适宜胃病患者食用。南瓜含有降糖活性成分——南瓜多糖，它可以显著降低糖尿病模型小鼠的血糖值，对糖尿病有一定的食疗作用。南瓜含有丰富的锌，为人体生长发育的重要物质。

宜忌人群

适宜人群：一般人群均可食用，尤其适宜肥胖者、糖尿病患者和中老年人食用。

禁忌人群：南瓜性温，胃热炽盛者、气滞中满者、湿热气滞者少吃；患有脚气、黄疸、气滞湿阻病者忌食。

四季食材选购指南

秋季吃南瓜对缓解秋燥症状大有裨益。在选购时，应购买瓜身连着瓜梗的，这样可保存较长时间。切开的南瓜要去掉南瓜子，再裹上保鲜膜，放在冰箱冷藏。

宜

南瓜+猪肉：预防糖尿病。

南瓜+莲子：通便排毒。

南瓜+枣(鲜)：补脾益气，解毒止痛。

不宜

南瓜+鲤鱼：鲤鱼有利小便、消腹水的功效，但与南瓜同食，易发生腹泻。

营养师厨房的养生秘密

栗面南瓜
(补虚损、益精气)

补虚损、益精气，润肺补肾，特别有益于中老年人群、肥胖者、糖尿病患者、与铅等重金属接触较多者。

金瓜
(润肺止咳)

果实既可作蔬菜用，还可作观赏用，更可入药，有润肺止咳的功效。

南瓜子
(辅助降血压)

南瓜子有解胃肠痉挛、缓解静止性心绞痛、辅助降血压、利水消肿、防虫等功效。

南瓜不宜长期存放，瓜瓤有异味的老南瓜不能食用。

南瓜豆浆浓汤

养生功效：有很好的养颜润肤、清火润肠、降低血糖的功效。

适宜人群：老年人、女性。

原料：南瓜 250 克，胡萝卜 100 克，虾仁、豆浆、蜂蜜各适量。

做法：①南瓜、胡萝卜洗净，去皮，切块。②锅中加胡萝卜、南瓜、虾仁、豆浆同煮，大火煮开后改小火焖。③熬煮成浓汤，等温度稍微降低后加蜂蜜调味即可。

蜜汁南瓜

养生功效：润肺、益气、补血、养胃，女性食用还可以养颜嫩肤。

适宜人群：女性。

原料：南瓜 500 克，红枣、白果、枸杞子、白糖各适量。

做法：①南瓜去皮，洗净，切块。②南瓜上笼蒸熟，装盘。③锅内加水，加入红枣、白果、枸杞子煮至食材熟烂，加白糖熬成蜜汁。④将蜜汁浇在南瓜块上即可。

南瓜饼

养生功效：健脾养胃、降低血压、促进消化。

适宜人群：高血压、冠心病患者。

原料：糯米粉 200 克，南瓜 100 克，红豆沙 40 克，白糖适量。

做法：①南瓜去子，微波炉加热 10 分钟。②取南瓜肉，加糯米粉、白糖和成面团。③红豆沙搓成球；面团分若干份，擀成皮，包入豆沙馅成饼坯，放入油锅煎熟即可。

土豆
宽肠通便

土豆是非常朴素的食材，做法超级多，只这一种食材就能做出一桌花样大餐，深受人们的喜爱。

营养师解读食材

土豆不仅能做菜，还可以做主食，因为土豆含有大量的淀粉，能迅速为人体提供充足的热量，不过糖尿病患者应少吃，容易使血糖升高。土豆含有大量蛋白质、B族维生素、维生素C等，能促进脾胃的消化功能。土豆富含膳食纤维，能宽肠通便，帮助机体及时排泄代谢毒素，防止便秘。土豆能供给人体大量有特殊保护作用的黏液蛋白，可预防心血管系统的脂肪沉积，保持血管的弹性，有利于预防动脉粥样硬化的发生。

宜忌人群

适宜人群：一般人群均可食用，尤其适宜低蛋白饮食的肾病患者及高血压、动脉硬化患者食用。

禁忌人群：糖尿病患者应少吃。

四季食材选购指南

一年四季都可以吃土豆，不过秋季刚刚上市的土豆最鲜美。购买土豆时应挑选表皮呈土黄色、无损伤、无虫眼，没有腐烂、没有长芽的。土豆比较容易储存，可一次多买一些。宜选择透气较好的容器，保存的温度应在1~10℃，并避免日晒。

宜

土豆+牛腩：补血益气，保护胃黏膜。

土豆+猪肉：健心强身，增强体力。

土豆+牛奶：土豆富含碳水化合物和维生素，牛奶富含蛋白质和钙，二者同食营养更丰富。

不宜

土豆+柿子：土豆中的淀粉与柿子中的鞣酸在胃酸的作用下会发生凝聚，易形成胃结石。

营养师厨房的养生秘密

这样吃更营养

已经长芽的土豆禁止食用，大量食用会引起急性中毒。应吃新鲜无芽的土豆。

核心营养素
（膳食纤维）

土豆含有膳食纤维，可宽肠通便、排毒养颜。

食疗方

土豆和生姜洗净去皮，加入适量橘子肉，一起榨汁饮用，可缓解胃痛及恶心反胃。

土豆去皮后不宜在水中泡太久。

土豆饼

养生功效：低嘌呤，富含碳水化合物，补脾养胃、促进消化、增进食欲、养颜护肤。

适宜人群：一般人群均可食用。

原料：土豆、西蓝花各50克，面粉100克，盐适量。

做法：①土豆洗净，去皮，切丝；西蓝花洗净，焯烫，切碎；土豆丝、西蓝花碎、面粉、盐、适量水放在一起搅匀。②将搅拌好的糊倒入煎锅中，用油煎成饼即可。

孜然土豆片

养生功效：富含膳食纤维，可促进肠胃蠕动，防治便秘。

适宜人群：一般人群均可食用。

原料：土豆1个，盐、孜然粉各适量。

做法：①土豆洗净，去皮，切片。②平底锅加油烧热，将土豆片煎至两面金黄。③加入孜然粉、盐略翻几下即可。

喜欢吃辣的，可以放点辣椒。

土豆肉丸汤

养生功效：健心强身、增强体力。

适宜人群：一般人群均可食用，尤其适合女性、儿童、青少年。

原料：土豆1个，猪肉末150克，菠菜50克，蛋清1个，盐、香油、淀粉各适量。

做法：①土豆洗净，去皮，煮熟，捣成泥；菠菜洗净，切小段。②猪肉末中加入盐、土豆泥、淀粉、蛋清搅匀。③锅中加适量水煮开，用勺子将肉馅做成丸子放入沸水中煮。④快熟时加菠菜继续煮熟，最后加盐、香油调味即可。

山药
促进消化

山药是药食两用的食材，其滋补作用为人称颂，具有益气养阴、补脾肺肾的作用。

营养师解读食材

山药一直被视为物美价廉的"补"品，虽然貌不惊人，但营养丰富。山药的主要成分是淀粉，其中的一部分可以转化为淀粉的分解产物糊精，糊精可以帮助消化。山药所含的黏液蛋白能预防脂肪沉积，避免出现过度肥胖。山药是一种"药食同源"的食物，能健脾、益胃、宽肠，对胃肠功能减退导致的久泻有较好的疗效。这是因为其有利小便的功能，促使水分从膀胱排出，降低了肠道内的水分，所以减少了溏泻的症状。

宜忌人群

适宜人群：一般人群均可食用，尤其适宜糖尿病患者、病后虚弱者、慢性肾炎患者、长期腹泻者。

禁忌人群：山药有收涩的作用，故大便燥结者不宜食用。

四季食材选购指南

山药通常在秋冬季叶子干枯后采挖，也有的会在第二年春季采挖，不过在秋冬季吃山药更滋补。选购时宜选粗细均匀、表皮较硬、外表无伤、切口带黏液的。在山药的切口处涂抹米酒，风干后用双层餐巾纸包好，放冰箱冷藏保存。

宜

山药 + 扁豆：补脾益肾。

山药 + 木耳：补血活血。

山药 + 蜜枣：滋阴补阳。

不宜

山药 + 猪肝：猪肝中的铜、铁、锌等金属元素，会破坏山药中的营养成分，降低其营养价值。

营养师厨房的养生秘密

铁棍山药
（美容养颜）

身形较细长，黏度大，含有多种氨基酸等物质，氨基酸可以修复破损细胞、破损因子等，因此具有养颜的作用。

灵芝山药
（抗衰老、改善性功能）

灵芝山药有抗衰老、增强免疫功能和改善性功能的作用，适合蒸、炖、煮粥。

山药豆
（健脾益胃）

有利于增强脾胃消化吸收功能，是一味补脾胃的药食两用之品。

山药蒸熟压成泥，和蓝莓果酱或者蜂蜜搭配吃很美味！

山药炒木耳

养生功效：补血活血、防癌抗癌。

适宜人群：贫血患者、癌症患者、中老年人、女性。

原料：山药200克，木耳20克，葱花、蒜蓉、盐各适量。

做法：①山药洗净，去皮，切片，焯水备用；木耳泡发，洗净，撕朵。②油锅烧热，加葱花、蒜蓉煸炒几下，加山药翻炒。③加入木耳继续翻炒，加盐调味即可。

山药炒四季豆

养生功效：补脾益肾、促进消化。

适宜人群：一般人群均可食用，尤其适宜中老年人。

原料：山药、四季豆各150克，去皮荸荠100克，水淀粉、香油、盐各适量。

做法：①山药洗净，去皮，切片；荸荠洗净，切片；四季豆择洗干净，切段，焯熟。②油锅烧热，放山药、四季豆、荸荠炒熟，加盐调味，用水淀粉勾芡，起锅淋上香油即可。

既有饱腹感又清淡可口，春夏食用最好。

山药五彩虾仁

养生功效：促进食欲、增强免疫力。

适宜人群：一般人群均可食用。

原料：山药条200克，虾仁100克，胡萝卜条50克，青椒丝、水淀粉、料酒、白糖、香油、盐各适量。

做法：①山药条、胡萝卜条焯水；虾仁洗净，加料酒、少许白糖、盐腌片刻。②油锅烧热，放虾仁，炒至变色，放山药条、胡萝卜条、青椒丝，炒片刻，调入盐、水淀粉。③汤汁稍干后淋上香油。

红薯
通便减肥

红薯又被称为地瓜，烤红薯是街边小吃中的美味。除了烤，它还有多种吃法，而且容易产生饱腹感，有助于减肥，还有益于肠胃健康。

营养师解读食材

红薯营养均衡，而且深受减肥人士的喜爱，因为它富含膳食纤维，进入肠道后能够迅速让人产生饱腹感，并且还能清理肠道内废物，具有通便排毒的功效，尤其对老年人便秘有较好的疗效。红薯中的膳食纤维和果胶具有抑制糖分转化为脂肪的特殊功能，可见红薯是一种理想的减肥食物。红薯叶有提高免疫力、止血、降糖、解毒、防治夜盲症等保健功能。

宜忌人群

适宜人群：一般人群均可食用，尤其适宜便秘人群、糖尿病患者。

禁忌人群：湿阻脾胃、气滞食积者应慎食。

四季食材选购指南

红薯在秋季成熟，适合秋冬食用。选购时应优先挑选呈纺锤形状，表面看起来光滑，没有霉味，没有霉烂，表皮没有黑色或褐色斑点的。应放在阴凉、干燥、通风的环境中保存，不宜与土豆放在一起，否则会使红薯硬心或土豆发芽。

宜

红薯 + 猪排：增加营养素的吸收。

红薯 + 芹菜：有利于降血压。

红薯 + 糙米：有效帮助减肥。

红薯 + 莲子：缓解便秘，美容养颜。

不宜

红薯 + 柿子：红薯中的糖分在胃内发酵，会使胃酸分泌增多，和柿子中的鞣质、果胶反应，不易消化，严重时可造成肠胃出血或胃溃疡。

营养师厨房的养生秘密

红薯
（促进新陈代谢）
含有丰富的 B 族维生素，可以促进身体的新陈代谢。

白心红薯
（护肤美白）
多吃白心红薯，可增强免疫力、预防感冒、促进胶原蛋白的形成，使皮肤光滑、美白、有弹性。

红薯干
（矿物质含量高）
把红薯切片晒干，储存时间更久，矿物质含量更高，可以煮粥、熬汤。

红薯叶
（通便排毒）
红薯叶含有大量可溶性膳食纤维，有通便排毒的功效。

红薯先自然晾晒几天,挥发一些水分,这样味道会更甜。

笼蒸红薯片

养生功效: 低脂、低热量,可瘦身降脂,还能有效防止动脉粥样硬化,从而降低心脑血管疾病的发病率。

适宜人群: 一般人群均可食用。

原料: 红薯 200 克,白糖(或白糖水)适量。

做法: ①红薯洗净,去皮,切片。②上蒸笼蒸熟即可。③可依据个人口味,在上笼蒸之前在红薯片抹上白糖水或者蒸熟后再蘸白糖食用。

将红薯片过油慢炸,口感会更酥脆。

红薯小米粥

养生功效: 健脾和中、益肾气、补虚损、防治便秘。

适宜人群: 老年人、女性。

原料: 红薯 150 克,小米 50 克。

做法: ①红薯洗净,去皮,切块,放入锅中加水煮。②小米洗净,放入锅中与红薯同煮至绵软即可。

花生红薯汤

养生功效: 防治便秘、补血益气。

适宜人群: 老年人、女性、便秘患者。

原料: 红薯 100 克,花生仁适量。

做法: ①红薯洗净,去皮,切块;花生仁洗净。②锅中放入红薯、花生仁,加水,大火煮开后改小火继续煮,煮至食材烂软即可。

肉、禽、蛋

猪肉
改善缺铁性贫血

猪肉是人们餐桌上非常重要的动物性食材，具有补虚强身、滋阴润燥的作用。

营养师解读食材

猪肉是日常食用最多的肉类之一，含有丰富的蛋白质、脂肪及碳水化合物，可使身体感到有力气。猪肉中的蛋白质属优质蛋白质，含有人体必需氨基酸，尤其是猪瘦肉的蛋白质可补充豆类蛋白质中人体必需氨基酸的不足，所含脂肪能提供人体所需要的热量。猪肉富含铁和促进铁吸收的半胱氨酸，能改善缺铁性贫血。另外，猪肉还具有润肠胃、生津液、补肾气、解热毒的功效，对热病伤津、肾虚体弱、产后血虚等症有辅助治疗的作用。

宜忌人群

适宜人群：老少皆宜，尤其适宜气血不足、心悸、腹胀、痔疮患者。

禁忌人群：肥胖、高脂血症、心血管疾病患者不宜过多食用。

四季食材选购指南

猪肉一年四季可食用，但应注意控制食用量，尤其是肥肉。挑选猪肉要看、摸、闻，优质猪肉脂肪白而硬，且带有香味，肉质紧密，富有弹性，手指压后凹陷处能立即复原。猪肉用水洗净，然后分割成小块，分别装入保鲜袋，可放入冰箱冷冻保存。

宜

猪肉 + 冬笋：滋补肝肾。

猪肉 + 菜花：提高蛋白质的吸收率。

猪肉 + 茄子：降低胆固醇的吸收，稳定血糖。

不宜

猪肉 + 田螺：田螺性凉，二者同食易伤肠胃。

营养师厨房的养生秘密

里脊
（滋阴润燥）
此处肉质细嫩，有补肾养血、滋阴润燥的功效，适合炒着吃。

五花肉
（提供优质蛋白质）
肥肉部分遇热容易化，瘦肉部分久煮也不会柴，能为人体提供优质蛋白质和必需的脂肪酸。

肥肉
（提供能量）
肥肉的脂肪中含有人体需要的卵磷脂和胆固醇，但是"三高"和肥胖人群不宜多吃肥肉。

前肘
（美容养颜）
皮厚、筋多，含有丰富的优质蛋白质，适宜凉拌、烧、做汤、炖、卤、煨等。

可用高浓度盐水解冻猪肉，烧后肉质会更嫩。

莲藕瘦肉汤

养生功效：补血养颜、健脾开胃、益五脏。

适宜人群：更年期女性。

原料：猪瘦肉 100 克，莲藕 400 克，白糖、料酒、葱花、姜丝、盐各适量。

做法：①将猪瘦肉洗净，切成薄片，放入碗里，用葱花、姜丝、料酒和少许盐拌匀，腌制片刻。②莲藕洗净削皮，切成片，在开水中焯一下，捞出。③油锅烧热，加入猪瘦肉片煸炒片刻，再倒入适量水，放入藕片、料酒、白糖炖煮。④待食材烂熟时加入盐调味即可。

这款汤非常适合热性体质的人。

农家小炒肉

养生功效：提供丰富的蛋白质和维生素，还可以提振食欲。

适宜人群：中年人、青少年。

原料：五花肉 500 克，青椒、红椒各半个，姜片、豆豉酱、盐各适量。

做法：①五花肉洗净，切薄片；青椒、红椒洗净，切条。②油锅烧热，加姜片爆香，放入五花肉片，煸炒至肉变色。③放入青椒、红椒煸炒，再放入豆豉酱。④炒熟后，加盐调味即可。

外婆红烧肉

养生功效：促进新陈代谢、强健筋骨、补血养颜。

适宜人群：一般人群均可食用。

原料：五花肉 500 克，姜片、葱段、料酒、酱油、盐、白糖各适量。

做法：①五花肉洗净，放入锅中，加水、姜片、葱段，余熟，切块。②油锅烧热，放入白糖炒糖色，放入肉块翻炒，加姜片、葱段煸炒几下。③加适量水、酱油、料酒，大火煮开后改小火炖煮。④炖至肉质软烂时加盐即可。

猪排骨

补钙、强筋健骨

猪排骨可红烧，可清炖，肉质细嫩不油腻，有补钙、滋阴壮阳、益精补血的功效。

营养师解读食材

猪排骨味道鲜美，也不会太过油腻。猪排骨除含蛋白质、脂肪、维生素外，还含有大量磷酸钙、骨胶原等，可为人体提供钙质。排骨可以补中益气，无论是酱排骨，还是排骨汤，无论是红烧，还是爆炒，排骨都有着补中益气的作用。排骨可以滋养脾胃，合理食用排骨，有保健脾胃的功能。排骨可提供血红素铁和促进铁吸收的半胱氨酸，能改善缺铁性贫血。排骨有着丰富的肌氨酸，可以增强体力，让人精力充沛。

宜忌人群

适宜人群：一般人群均可食用，阴虚体质、气虚体质更适合吃。

禁忌人群：痰湿体质、湿热体质应忌食或少食。

四季食材选购指南

排骨中的肋排品质最优，适合烧或炖汤。在选购鲜排骨时，颜色明亮呈红色，用手摸起来感觉肉质紧密，表面微干或略显湿润但不粘手的，按下后的凹印可迅速恢复，闻起来没有腥臭味的为佳。新鲜的排骨如果需要长时间保存，可把排骨剁成大小合适的块，用保鲜袋包裹好，放冰箱冷冻。

宜

猪排骨 + 紫菜：滋阴润燥。

猪排骨 + 蘑菇：益气补脾，润燥化痰。

猪排骨 + 茄子：增强抵抗力，降低胆固醇。

不宜

猪排骨 + 草莓：草莓中的鞣酸与猪排骨中的钙结合，会生成一种沉淀物，影响人体的消化吸收，造成肠胃不适。

营养师厨房的养生秘密

这样吃更营养

排骨炖汤有营养，里面的大量磷酸钙、骨胶原等也更容易被人体吸收。

核心营养素

（蛋白质）

排骨含有人体所需的优质蛋白质和必需的脂肪酸，有滋补强身的作用。

食疗方

白萝卜炖排骨可辅助治疗小儿厌食症。

猪排骨在烹制之前应先入开水汆去血水。

莲藕炖排骨

养生功效：营养均衡全面，可开胃、清热、滋补身体。

适宜人群：一般人群均可食用。

原料：猪排骨150克，莲藕100克，盐适量。

做法：①猪排骨洗净，剁成块状；莲藕洗净，去皮，切成片。②排骨块放入沸水中汆烫去血水，冲凉，洗净备用。③将汆烫后的排骨块和藕片一同放入清水中，大火烧沸后转小火炖2小时，起锅前放入适量盐即可。

糖醋排骨

养生功效：可开胃、振食欲，还可以润肠胃、生津液。

适宜人群：一般人群均可食用。

原料：猪小排300克，葱花、姜片、蒜末、料酒、酱油、香醋、白糖、盐各适量。

做法：①碗中加料酒、酱油、香醋、白糖，调出糖醋汁。②排骨块洗净，放入冷水锅中，加姜片、料酒，大火煮开，撇去浮沫，捞出。③油锅烧热，倒入葱花、蒜末爆香后放排骨，煎至两面金黄，倒入糖醋汁、盐，炒匀，再倒入适量开水，大火煮沸，转小火收汁即可。

排骨玉米汤

养生功效：清润滋补、滋阴养肺。

适宜人群：一般人群均可食用。

原料：猪排骨段500克，玉米150克，盐、料酒、姜片各适量。

做法：①猪排骨段洗净，在开水中汆一下，去血水后捞出。②玉米洗净，切段。③锅中放入猪排骨、料酒、玉米、姜片，加适量水，大火烧开后改小火一同炖煮。④猪排骨与玉米烂软时加盐调味即可。

熬煮时间不宜过长，否则会破坏蛋白质。

猪蹄
滋润肌肤、美容养颜

猪蹄最为人称道的就是它的美容和催乳功效了，除此之外，它还是一种治病"良药"，有补虚弱、填肾精、健腰膝等功效。

营养师解读食材

猪蹄汤大概是产妇在月子里必不可少的一道汤品了，猪蹄对产后乳汁缺乏、气血不足有非常好的疗效。猪蹄中的胶原蛋白在烹调过程中可转化成明胶，对延缓皮肤衰老、增加肌肤弹性有很大裨益，是爱美女士美容养颜的不二之选。猪蹄对于经常四肢疲乏，腿部抽筋、麻木，消化道出血，失血性休克患者有一定辅助疗效，可预防进行性肌营养不良症，改善冠心病和脑血管病等病症。它还有助于促进青少年身体生长发育和减缓中老年妇女骨质疏松的速度。

宜忌人群

适宜人群：一般人群均可食用，尤其适宜血虚者、年老体弱者、产后缺奶者、腰腿软弱无力者食用。

禁忌人群：患有肝炎、胆囊炎、胆结石、动脉硬化、高血压的患者应少食或不食。

四季食材选购指南

选购猪蹄应注意买接近肉色的，不要颜色太白的，最好挑选有筋的猪蹄。可用保鲜膜包裹好，放冰箱冷藏室内，可保存两天不变质，或者置于冰箱冷冻室长期保存。

宜

猪蹄+花生：补气养血，补充蛋白质。

猪蹄+黄花菜：催乳养颜。

猪蹄+黄豆：丰胸通乳，补充胶原蛋白。

不宜

猪蹄+梨：猪蹄含有大量的脂肪和蛋白质，过量食用会增加肝肾负担，梨属寒性水果，二者同食对肝肾负担较重。

营养师厨房的养生秘密

这样吃更营养
花生炖猪蹄是常见也是较养生的吃法，既补充胶原蛋白，又富含维生素E，是天然的滋补养颜品。

核心营养素
（胶原蛋白）
蹄筋含有丰富的胶原蛋白，有改善睡眠质量、美容养颜的功效。

食疗方
猪蹄2只，通草5克，煨汤，分3次服，有通乳的效果。

猪蹄无论是煲汤还是烧制、拌凉，营养都十分丰富。

红烧猪蹄

养生功效：对肾虚导致的腰膝酸软有食疗功效。

适宜人群：更年期女性、老年人。

原料：猪蹄 400 克，酱油、葱段、姜片、盐、料酒、冰糖、高汤各适量。

做法：①猪蹄洗净，剁去蹄尖，劈成小块，用水煮透后放入凉水中。②锅中倒油烧热，放入冰糖熬成浅黄色时加高汤。③放入猪蹄、酱油、料酒、葱段、姜片、盐，汤烧开后除去浮沫，用大火烧至猪蹄上色后，改用小火炖烂，收浓汁即可。

花生猪蹄汤

养生功效：益气养血，此汤蛋白质含量较高，对于产后康复及乳汁分泌有很好的促进作用。

适宜人群：产妇。

原料：猪蹄 200 克，花生仁 100 克，盐适量。

做法：①猪蹄处理干净，切块；花生仁洗净。②猪蹄冷水下锅，水开约5分钟后捞起，用冷开水冲洗猪蹄。③将冲好的猪蹄、花生仁放入锅内，加水直至浸没猪蹄，煮至猪蹄熟烂加盐调味即可。

海带黄豆猪蹄汤

养生功效：补充胶原蛋白、嫩肤祛皱，还能通乳、丰胸。

适宜人群：哺乳期女性、更年期女性、老年人。

原料：猪蹄块 300 克，水发黄豆 50 克，海带片 40 克，姜片 20 克，料酒、白醋、胡椒粉、盐各适量。

做法：①砂锅注水，放入姜片、黄豆、猪蹄块，煮沸。②放入海带片，淋入料酒、白醋，大火煮沸。③改小火煮 1 小时，至食材全部熟透，加盐，撒胡椒粉搅拌，煮至食材入味即可。

牛肉
强筋骨、增力量

一说到牛肉，大家都会联想到"力量""强壮"这些词语，因为牛肉能提高机体抗病能力，对儿童身体生长发育有促进作用。

营养师解读食材

寒冬季节进补的食材是少不了牛肉的，牛肉有暖胃作用，且能补脾胃、益气、强筋骨。

牛肉中的肌氨酸含量比任何其他食物都高，这使它对增长肌肉、增强力量特别有效。

牛肉含有大量的蛋白质和维生素 B_{12}，可帮助增强机体免疫力，促进蛋白质的代谢和合成，从而有助于运动后身体的恢复。

牛肉富含铁、锌、钾、镁等微量元素，对心脑血管系统疾病、泌尿系统疾病、糖尿病等有辅助食疗效果。

宜忌人群

适宜人群：一般人群均可食用。

禁忌人群：患感染性疾病、肝病、肾病的人慎食。高胆固醇患者及老年人、儿童、消化能力弱的人不宜多吃。

四季食材选购指南

在寒冷的秋冬季节食用牛肉是比较适宜的。购买时应选择肉质鲜嫩、有弹性、无异味，肉皮无红点、有光泽、红色和白色分布均匀的。牛肉如果在两天内吃不完，可放在冰箱冷藏室保存，放于冷冻室可以保存更久。

宜

牛肉 + 芋头：养血补血。

牛肉 + 茭白：催乳效果好。

牛肉 + 菜花：帮助吸收维生素 B_{12}。

不宜

牛肉 + 韭菜：牛肉甘温，补气助火，韭菜辛辣温热，二者搭配，易使人发热动火，引发牙龈炎、口疮等症状。

营养师厨房的养生秘密

牛里脊肉
（强筋骨）

是牛肉中最细嫩多汁的部位，适于滑炒、滑熘、软炸等，具有强筋骨、增体力的功效。

牛腱肉
（益气养血）

肉质红色，新鲜细腻，有嚼劲，适合红烧、炖煮，有益气血、养筋骨的功效。

酱牛肉
（滋养脾胃）

是将牛肉酱制之后的产品，上等酱牛肉乃是极好的下酒菜，味道香浓，有补中益气、滋养脾胃的功效。

牛肉干
（增强力量）

含有人体所需的多种矿物质和氨基酸，可有效增肌，从而增强力量。

牛腱肉肉质有嚼劲，给老人和小孩吃，要多炖煮一会儿。

土豆牛肉汤

养生功效：开胃消食、健脾滋补。

适宜人群：中老年人、脾胃虚弱人群。

原料：土豆、西红柿各 100 克，牛肉 150 克，姜片、酱油、淀粉、盐各适量。

做法：①牛肉洗净，切块，加淀粉、酱油拌匀，腌制15 分钟。②西红柿洗净，用开水烫一下，去皮，切片；土豆洗净，去皮，切块。③油锅烧热，倒入西红柿炒软，加水，放入牛肉块、姜片，煮沸，撇去浮沫。④倒入土豆，煮至全部食材熟透，加盐调味即可。

胡萝卜炖牛肉

养生功效：强身健体、养肝明目。

适宜人群：长期用眼人群、脾胃虚弱人群。

原料：牛肉 350 克，胡萝卜块 60 克，葱丝、姜末、蒜末、酱油、番茄酱、醋、料酒、盐各适量。

做法：①牛肉洗净，切小块，放入冷水锅中，淋入料酒，水烧开撇去浮沫，捞出，备用。②油锅烧热，放入牛肉块翻炒，倒入酱油、料酒、醋，翻炒片刻，之后放入胡萝卜块、番茄酱翻炒。③加适量热水、葱丝、姜末、蒜末，转小火炖煮收汁，最后加盐调味即可。

牛肉焖饭

养生功效：健脾养胃

适宜人群：青少年、中老年

原料：牛肉、大米、菜心各 100 克，姜丝、盐、酱油、料酒各适量。

做法：①牛肉洗净切片，用盐、酱油、料酒、姜丝腌制；菜心洗净切碎，焯烫；大米淘洗干净。②大米放入煲中，加适量水和少许油，开火煮饭，待饭将熟时，调成微火，放入牛肉片和菜心，继续焖煮至牛肉熟透即可。

羊肉
温补气血、驱寒补虚

羊肉有一股羊膻味，故被一部分人所冷落，在烹调时加入
料酒、姜片等就能有效去除膻味了。

营养师解读食材

寒冷的冬季里，吃上一锅热气腾腾的
涮羊肉，身体从内到外都暖起来了。羊肉
性温味甘，有补体虚、祛寒冷、温益肾气
等功效，是冬季养生必备的食材。羊肉含
有丰富的蛋白质、钙、铁、维生素C含量
也较多，可保护胃壁，增加消化酶的分泌，
帮助消化。羊肉还有补肾壮阳的作用，适
合男士经常食用。羊肉有益血、补肝、明
目之功效，对产后贫血、肺结核、夜盲等
症有很好的食疗效果。羊奶与牛奶相比，
富含更多脂肪和蛋白质，是肾病患者理想
的食物之一，也是体虚者的天然补品。

宜忌人群

适宜人群：一般人群均可食用，尤其
适宜体虚胃寒者。

禁忌人群：发热、牙痛、口舌生疮、
咳吐黄痰等上火症状者不宜食用；肝病、
高血压、急性肠炎或其他感染性疾病患者
及发热期间不宜食用。

四季食材选购指南

优质羊肉的肉质色泽淡红、肌肉发散、
肌纤维较细短，肉不粘手，质地坚实；脂肪
呈白色或微黄色，质地硬而脆。羊肉不适
宜长时间保存，最好在一两天内吃完，或
置于冰箱冷冻室冷冻。

宜

羊肉 + 豆腐：清热泻火，除烦，止渴。

羊肉 + 香菜：增进食欲，提高机体免疫力。

羊肉 + 海参：养血润燥。

忌

羊肉 + 茶叶：羊肉中的蛋白质会与茶叶
中的鞣酸结合，生成一种可以导致便秘的
物质。

营养师厨房的养生秘密

这样吃更营养
炖羊肉营养丰富，更容易被人体消化吸收，
是冬季御寒温补的佳品。

核心营养素
（蛋白质）

蛋白质含量比猪肉高，脂肪、
胆固醇含量比猪肉和牛肉都低，
有温补肝肾的作用。

食疗方
当归生姜羊肉汤有温中补血、调经祛风的
功效。

🥄 羊肉不要炖煮太久，否则口感会变差。

山药羊肉糯米粥

养生功效：健脾温肾、培本固元。

适宜人群：一般人群均可食用，尤其适合体质虚弱者。

原料：羊里脊肉 50 克，山药 100 克，糯米 80 克，香菜碎、葱花、盐各适量。

做法：①糯米淘洗干净，浸泡 30 分钟。②羊里脊肉洗净，切碎；山药洗净，去皮，切块。③锅中放入羊里脊肉和山药、糯米、水，大火煮沸，煮至黏稠时，加盐调味，最后撒上葱花与香菜碎即可。

秘制烤羊腿

养生功效：补肾壮阳。

适宜人群：男性。

原料：羊腿肉 200 克，丁香 3 颗，红椒丝、盐、黑胡椒粉、葱花、姜末各适量。

做法：①羊腿肉洗净，用叉子在羊腿肉上扎出孔，加盐、黑胡椒粉、葱花、姜末抹均匀，腌制 4 小时。②把丁香嵌入羊腿上的小孔中，再在羊腿上刷上油，用锡纸包好，放入烤箱烤熟。③最后撒上红椒丝即可。

洋葱炖羊排

养生功效：增强免疫力。

适宜人群：一般人群均可食用。

原料：羊肋排块 300 克，香菇 30 克，洋葱片 20 克，姜丝、料酒、盐、白糖各适量。

做法：①将羊肋排块洗净，用料酒、盐腌制片刻。②油锅烧热，下羊肋排翻炒，加香菇、洋葱片、姜丝、白糖，再加适量水，煮开后改小火一起炖煮。③待食材全熟时，加盐调味即可。

鸡肉
补虚填精、健脾胃

鸡肉是人们食用较多的一类肉食。鸡肉的做法相当多，经典菜式有宫保鸡丁、三杯鸡、口水鸡等。

营养师解读食材

鸡肉是常见常吃的食材，味道鲜美，易于消化，更因高蛋白、低脂肪而成为受大众欢迎的一种肉食。鸡肉有温中益气、补虚填精、健脾胃、强筋骨等功用，对营养不良、畏寒怕冷、乏力疲劳、月经不调、贫血等有很好的食疗作用。鸡肉中蛋白质含量高、氨基酸种类多，且易于被人体吸收利用，还是脂肪和磷脂的重要来源，有增强体力、强壮身体的作用。鸡大腿肉中含有较多的铁，可改善缺铁性贫血。

宜忌人群

适宜人群：一般人群均可食用，老人、病人、体弱者更宜食用。

禁忌人群：肝阳上亢及口腔糜烂、皮肤疖肿、大便秘结、感冒发热、内火偏旺、痰湿偏重者应尽量少吃。

四季食材选购指南

超市售卖的鸡肉一般都处理好了，回家之后只需要简单处理就可以烹饪了，非常方便。新鲜的鸡肉肉质紧实，有光泽，手感较滑，肉和皮的表面较干。鸡肉在肉类中比较容易变质，购买后应立即放入冰箱冷藏。

宜

鸡肉 + 板栗：补血养肾，开胃健脾。

鸡肉 + 辣椒：开胃强身。

鸡肉 + 冬瓜：清热利尿，有助于预防水肿。

鸡肉 + 蘑菇：益气补血。

不宜

鸡肉 + 芥末：二者同食会伤元气。芥末是热性之物，鸡肉属温补之品，恐助火热，无益于健康。

营养师厨房的养生秘密

鸡胸肉
（滋补养身）

鸡胸肉位于胸部里侧。肉质细嫩，滋味鲜美，营养丰富，能滋补养身。

鸡翅
（美容养颜）

是整只鸡身较为鲜嫩可口的部位，皮富含胶质，具有润泽肌肤、美容养颜的功效。

乌骨鸡
（补虚）

享有"药鸡"之美誉，有很好的补虚作用。

鸡肉是经典、家常的食材，各地都有不同的做法。

小鸡炖香菇

养生功效：益气补血、预防感冒。

适宜人群：免疫力低下人群。

原料：童子鸡300克,香菇60克,葱段、姜片、酱油、料酒、盐各适量。

做法：①童子鸡收拾干净,斩成小块;香菇洗净,划十字花刀,备用。②油锅烧热,放入鸡块翻炒至鸡肉变色,放入姜片、葱段、酱油、料酒、盐,加入适量水,待水煮沸后,放入香菇,中火煮至食材熟烂即可。

彩椒鸡肉丝

养生功效：延缓衰老、促进食欲。

适宜人群：一般人群均可食用。

原料：鸡腿2只,青椒条、红椒条、葱段、姜末、蒜末、白糖、蚝油、盐各适量。

做法：①鸡腿煮熟,捞出,撕成丝。②姜末和蒜末爆香,放青椒条、红椒条翻炒。③放入鸡肉丝,翻炒片刻后,依次加盐、少许白糖、蚝油、葱段,大火翻炒均匀即可出锅。

不但颜色好看,味道也很好。

板栗烧鸡

养生功效：保肝护肾、补气养血。

适宜人群：中老年人。

原料：熟板栗肉80克,仔鸡1只,蒜瓣、料酒、酱油、高汤、盐各适量。

做法：①仔鸡洗净,切块,放入酱油、料酒、盐腌制备用。②锅中加入高汤、酱油、鸡块、板栗,煮至食材熟烂。③转大火加入蒜瓣,焖煮5分钟即可。

鸭肉
清热健脾、滋阴补虚

鸭肉有一个特别有名的烹饪方式——烤，烤鸭是享誉世界的美味，肉质肥而不腻，外脆里嫩，味道醇厚，深受人们的喜爱。

营养师解读食材

鸭子喜水，善于在水中觅食，吃的食物多为水生物，所以鸭肉性偏寒凉，有补血行水、养胃生津、止咳、消积食、清热健脾等功效。除此之外，鸭肉对身体虚弱、病后体虚、营养不良性水肿等也有很好的食疗效果。入药以老而白、白而骨乌者为佳。用老而肥大的鸭同海参炖食，具有很强的滋补功效，炖出的鸭汁，善补五脏之阴和清虚劳之热。

宜忌人群

适宜人群：一般人群均可食用，尤其适用于体内有热、上火的人食用。

禁忌人群：胃部冷痛、腹泻清稀、腰痛和寒性痛经，以及肥胖、动脉硬化、慢性肠炎患者应少食；感冒患者不宜食用。

四季食材选购指南

秋季养生适合吃鸭肉，吃鸭肉可以去除秋燥。新鲜的鸭肉体表光滑，呈乳白色，切开后切面呈玫瑰色，肌肉摸上去紧实。

宜

鸭肉＋酸菜：清肺补血，利尿消肿。

鸭肉＋山药：补阴养肺。

不宜

鸭肉＋柠檬：柠檬中的柠檬酸易与鸭肉中的蛋白质结合，使蛋白质凝固，而不利于人体吸收。

营养师厨房的养生秘密

鸭肉
（降低胆固醇）

鸭肉中的脂肪分布均匀，而且成分比例接近理想值，有降低胆固醇的作用，对防治心脑血管疾病有益。

鸭舌
（强身健体）

多用于制作凉菜，蛋白质含量高，易消化吸收，可增强体力，强壮身体。

鸭肫
（促进生长发育）

是鸭的肌胃，高蛋白、低脂肪，含有丰富的锌元素，适宜生长发育中的儿童食用。

鸭血
（补铁补血）

鸭血通常被制成血豆腐，含有丰富的铁质，有补血和清热解毒之效。

老鸭全身都是宝，可不要错过那一碗养生老鸭汤哦！

太子参炖老鸭

养生功效：滋阴润肺。

适宜人群：肺虚咳嗽患者、中老年人。

原料：老鸭半只，太子参5克，姜片、盐、葱段各适量。

做法：①老鸭洗净，切块，入沸水汆一下捞出。②锅中加入适量水，放入姜片、鸭块、太子参、葱段，大火煮开后改小火炖煮。③鸭肉烂熟时加盐调味即可。

啤酒鸭

养生功效：滋阴润肺。

适宜人群：中老年人、更年期女性。

原料：鸭半只，啤酒1瓶，酱油、八角、桂皮、花椒、白糖、姜片、葱段、盐各适量。

做法：①鸭处理干净，剁成块。②油锅烧热，放姜片爆炒，放入鸭块翻炒，炒出香味后倒入啤酒。③加白糖、葱段、八角、桂皮、酱油、花椒，大火煮开后，小火焖至汤汁收浓。④再加入盐调味即可。

薏米老鸭汤

养生功效：利水消肿。

适宜人群：水肿患者、中老年人。

原料：老鸭半只，薏米20克，姜片、盐各适量。

做法：①老鸭洗净，切块，在沸水中汆一下捞出；薏米洗净。②锅中加入适量水，放入鸭块、薏米、姜片，大火烧开后改小火炖煮。③待鸭肉烂熟时加盐调味即可。

鸡蛋
提高记忆力

鸡蛋是最为常见的食材之一，很多人几乎每天都会吃一两个鸡蛋。鸡蛋富含蛋白质和卵磷脂，而且易被人体吸收。

营养师解读食材

水煮蛋、煎蛋、炒鸡蛋，每一种都很容易做，而且烹饪时间短，所以鸡蛋常常是很多人早餐的最佳选择之一。鸡蛋营养均衡，易吸收，作为早餐食用能够增加饱腹感，提高记忆力，让人一整天都活力满满。鸡蛋中所含的胆碱有助提高记忆力。鸡蛋还含有较丰富的铁，常食可以预防缺铁性贫血。蛋黄中含有的胆固醇是一种强乳化剂，可避免胆固醇在血管壁上沉积，能够预防动脉粥样硬化、冠心病和脑卒中等疾病。

宜忌人群

适宜人群：一般人群均可食用，尤其适宜生长发育期的儿童食用。

禁忌人群：高热、腹泻、肝炎、肾炎、胆囊炎、冠心病患者忌食。

四季食材选购指南

优良品种的鸡蛋蛋壳清洁、完整、粗糙无光泽。鸡蛋轻轻碰击声音清脆，手握蛋摇动无声，闻蛋壳有轻微生石灰味。鸡蛋存放前不要用水冲洗，放鸡蛋时要大头朝上。如果放在冰箱里保存，最多可保鲜半个月。

宜

鸡蛋＋香椿：润滑肌肤。

鸡蛋＋紫菜：有利于营养素的吸收。

鸡蛋＋青椒：有利于维生素的吸收。

不宜

鸡蛋＋柑橘：鸡蛋中的蛋白质遇到柑橘里的果酸，会快速凝固成块，易产生腹胀、腹痛和腹泻等症状。

营养师厨房的养生秘密

鸡蛋
（提高记忆力、帮助减肥）

鸡蛋被人们称作"理想的营养库"，一天一个鸡蛋，不仅能提高记忆力，还能保护视力，帮助减肥。

鸭蛋
（促进骨骼发育）

与鸡蛋相比，鸭蛋的矿物质含量更丰富，尤其是钙、铁含量特别丰富，能促进骨骼发育，预防贫血。

鹌鹑蛋
（健脑益智）

鹌鹑蛋含有丰富的卵磷脂和脑磷脂，具有健脑益智的功效。

鹅蛋
（促进脑及神经组织发育）

鹅蛋中的脂肪绝大部分集中在蛋黄内，且蛋黄含有较多的磷脂，其中约一半是卵磷脂，这些成分对大脑及神经组织的发育有促进作用。

白水煮蛋营养健康，每天吃一个吧。

肉蛋羹

养生功效：易消化，补锌效果很好，可增强机体免疫力。

适宜人群：儿童。

原料：猪肉馅80克，鸡蛋2个，盐、香油、香菜末各适量。

做法：①鸡蛋磕入碗中，打散，加入和鸡蛋液一样多的凉白开水，再加入肉馅，加盐调味，朝一个方向搅匀。②上锅蒸15分钟即可。③出锅后，淋上一点香油，撒上香菜末即可。

韭菜炒鸡蛋

养生功效：可以为人体补充8种必需氨基酸及多种矿物质，益肾的同时还能促进排便，防治便秘。

适宜人群：中青年人。

原料：鸡蛋2个，韭菜300克，盐适量。

做法：①韭菜洗净，切小段。②鸡蛋磕入碗中，将蛋液打散。③油锅烧热，倒入鸡蛋液，炒至成形时，倒入韭菜段翻炒均匀。④出锅前加盐调味即可。

将韭菜和鸡蛋做成蛋饼也很不错。

红薯蛋黄泥

养生功效：在健脑益智的同时，还能促进肠胃蠕动，防治便秘。

适宜人群：8个月以上婴幼儿。

原料：红薯150克，鸡蛋2个。

做法：①红薯洗净，蒸熟后去皮，切成小块后，再用勺背压成泥，待用。②鸡蛋煮熟，去壳，取出蛋黄，将蛋黄用勺背压成泥，然后将其放入红薯泥中，搅拌均匀即可。

菌菇及豆类
香菇
降压降脂

新鲜香菇肉质肥厚，口感嫩滑，香气浓郁，素有"山珍之王"之称，用干香菇炖汤味道更鲜美，有不同于新鲜蘑菇的味道。

营养师解读食材

香菇的气味来源主要是两种成分——蘑菇香精和鸟苷酸，香菇的水分损失后，其味道更浓。香菇中含有的另外一种植物化合物——香菇嘌呤，可以降低胆固醇的水平。香菇含有胆碱、酪氨酸、氧化酶以及某些核酸物质，能起到降血压、降胆固醇、降血脂的作用，又可预防动脉硬化、肝硬化等疾病。香菇还对糖尿病、神经炎等有食疗作用。

宜忌人群

适宜人群：一般人群均可食用。

禁忌人群：脾胃寒湿、气滞或皮肤瘙痒病患者忌食。

四季食材选购指南

春季和冬季是食用香菇的好季节，这时候可以选新鲜的香菇。夏、秋季节可以选择干香菇。鲜香菇应选择菇面平滑，大小均匀，色泽黄褐或黑褐，菇褶紧实细白，菇柄短而粗壮的。干香菇以干燥、不霉、不碎，菌槽整齐，没有缺陷的为佳。

宜

香菇 + 牛腩：易于消化。

香菇 + 豆腐：健脾养胃，增加食欲。

香菇 + 鸡腿：提供优质蛋白质。

不宜

干香菇 + 冷水：香菇含有核酸分解酶，只有热水浸泡时，才能分解出独特的鲜味，用冷水泡发会令香菇的鲜香大减。

营养师厨房的养生秘密

这样吃更营养

香菇炖鸡更能发挥香菇预防感冒的功效，香菇多糖的防癌抗癌功效也更显著。

核心营养素
（蛋白质）

香菇的蛋白质里包含 18 种氨基酸，且活性高，易被人体吸收，消化率高达 80%。

食疗方

香菇炒香，加入嫩豆腐捣烂，和猪瘦肉末一起炖煮食用，可改善缺铁性贫血。

香菇的气味很独特，做主食材和配料都很有特色。

香菇炒菜花

养生功效：促消化、增食欲、润肺止咳、提高身体免疫力。

适宜人群：肥胖者、消化不良及食欲不振者。

原料：菜花200克，香菇100克，盐适量。

做法：①菜花洗净，掰成小朵；香菇洗净，去蒂，切丁。②油锅烧热，下香菇炒出香味，再加入菜花继续翻炒，加少量水，待菜花熟烂时加盐调味即可。

山药香菇鸡

养生功效：补虚填精、健脾胃、活血脉、强健身体。

适宜人群：老年人、贫血者、体弱者。

原料：山药片100克，鸡腿150克，胡萝卜片、干香菇各50克，盐、白糖、料酒、酱油各适量。

做法：①干香菇泡软，去蒂，切十字花刀。②鸡腿剁小块，余水沥干。③鸡腿放锅内，加原料中调味料和水，放香菇同煮。④10分钟后，放胡萝卜片、山药片，煮至食材熟透即可。

香菇烩扁豆

养生功效：补充丰富的膳食纤维和维生素，还能滋阴养胃、降糖降压、润肠、防癌。

适宜人群：胃病、高血压患者。

原料：扁豆200克，香菇、冬笋各100克，盐、葱末各适量。

做法：①扁豆洗净，切段。②香菇洗净，切丝。③冬笋洗净，切片。④油锅烧热，下葱末、香菇炒出香味，加扁豆、笋片继续翻炒。⑤加适量清水，焖熟后，加盐调味即可。

这道爽口素食清新又解油腻。

木耳
养血驻颜、排毒

木耳是百姓餐桌上的常见食材，家常做法很多，可荤可素，营养丰富，富含膳食纤维、B族维生素、维生素K、磷、钙、铁等，具有润肺养颜、益智补脑、行气活血的功效，被营养学家誉为"素中之荤"和"素中之王"。

营养师解读食材

木耳味道鲜美，具胶质口感，其中的胶质成分可把残留在人体消化系统内的灰尘、杂质吸附集中起来排出体外，从而起到清胃涤肠的作用。木耳中铁的含量极为丰富，故常吃木耳能养血驻颜，令人肌肤红润，容光焕发，并可防治缺铁性贫血。木耳含有维生素K，能减少血液凝块，预防血栓的发生，有防治动脉粥样硬化和冠心病的作用。

宜忌人群

适宜人群：一般人群均可食用，尤其适宜心脑血管疾病、结石症、缺铁性贫血患者，以及矿工、冶金工人、纺织工、理发师食用。

禁忌人群：有出血性疾病患者、腹泻者慎食。

四季食材选购指南

春季养生宜排毒，木耳的排毒作用显著，故适宜在春季食用。优质的木耳朵大而薄，朵面乌黑光润，朵背呈灰色，有蒂头。

宜

木耳＋春笋：补血养颜，清热去火。

木耳＋草鱼：促进血液循环。

木耳＋猪血：增强体质，补气养血。

不宜

木耳＋茶叶：富含铁质的木耳与含有单宁酸的茶叶同食，会降低人体对铁的吸收。

木耳＋田螺：田螺性寒，与木耳搭配，不利于消化。

营养师厨房的养生秘密

木耳
（防治缺铁性贫血）
木耳中铁的含量极为丰富，常吃木耳能养血驻颜，令人肌肤红润，可防治缺铁性贫血。

银耳
（养阴护肝）
银耳能提高肝脏解毒能力，有保肝作用；也是一味滋补良药，有养阴清热的功效。

用冷水或温水浸泡木耳，木耳的口感会更脆嫩爽口。

芹菜拌木耳

养生功效：可以为身体补充维生素及膳食纤维，还能降血压、降血脂。

适宜人群：便秘者、高脂血症患者、高血压患者。

原料：水发木耳60克，芹菜200克，香油、醋、枸杞子、盐各适量。

做法：①芹菜洗净，去叶，切段，焯烫后捞出。②水发木耳洗净，撕成小块，焯烫后捞出；枸杞子洗净，泡发。③芹菜中放入木耳、香油、醋、枸杞子、盐，拌匀即可。

木耳香菇粥

养生功效：健脾益胃、提振食欲、降脂、预防动脉硬化。

适宜人群：老年人、动脉硬化患者。

原料：大米80克，木耳20克，香菇30克，盐适量。

做法：①大米洗净；木耳泡发，洗净，切碎；香菇洗净，切碎丁。②大米放入锅中，加适量水，大火煮开后改小火炖煮。③粥开始变黏稠时放入木耳和香菇继续炖煮。④待食材全熟时加盐调味即可。

三丝木耳

养生功效：清肺解毒、补血。

适宜人群：一般人群均可食用。

原料：木耳丝30克，猪肉丝、彩椒丝各100克，葱末、盐、酱油、淀粉各适量。

做法：①猪肉丝加酱油、淀粉腌15分钟。②葱末炝锅，放入猪肉丝快速翻炒，放盐，再将木耳丝、彩椒丝一同放入炒熟即可。

黄豆

健脑益智、美容养颜

黄豆是豆类中上桌率较高的食材，它的加工制品相当多，丰富了人们的餐桌。经常食用黄豆及其制品，可使皮肤润泽细嫩，富有弹性，还能健脾利湿，益血补虚。

营养师解读食材

黄豆可以发黄豆芽，可以磨成豆浆，可以制作成豆腐、豆皮等，无论哪种制品都含有丰富的蛋白质，为人体摄取蛋白质提供了多样化的选择。黄豆中蛋白质的含量不仅高，而且质量好，黄豆还含有多种人体必需的氨基酸，并且比较接近人体需要的比值，所以容易被消化吸收，可以提高人体免疫力。黄豆含有植物雌激素，有助于女性延迟细胞衰老、使皮肤保持弹性、美容养颜、促进骨生成、降血脂等。黄豆含有大量卵磷脂，可以增强大脑神经细胞活力，有健脑益智的功效。

宜忌人群

适宜人群：一般人群均可食用。

禁忌人群：消化功能不良、有慢性消化道疾病的人慎食；患有严重肝病、肾病、痛风、消化性溃疡、低碘者忌食；患疮痘期间不宜吃黄豆及其制品。

四季食材选购指南

黄豆一年四季都适合食用。在挑选黄豆时，应选择外皮色泽光亮，皮面干净，颗粒饱满且整齐均匀，无破瓣，无缺损，无虫害，无霉变的。咬开黄豆，察看豆肉，深黄色的表示含油量丰富，质量较好。

宜

黄豆＋小米：有利于营养素的吸收。

黄豆＋鸡蛋：降低胆固醇。

不宜

黄豆＋蕨菜：黄豆富含维生素B_1，而蕨菜却含有维生素B_1分解酶，因此，二者不宜同吃。

营养师厨房的养生秘密

黄豆
（抗衰老）

富含大豆卵磷脂、大豆异黄酮等营养素，具有降低胆固醇、改善脂质代谢、延缓皮肤衰老的作用。

黑豆
（美容、乌发）

黑豆含有较多的维生素，其中维生素E和B族维生素含量很高，有美容、乌发、明目等功效。

绿豆
（清热解毒）

绿豆性寒味甘，具有消暑开胃、清热解毒的作用，做成绿豆汤是夏季消暑必备饮品。

红豆
（消水肿、促进乳汁分泌）

红豆富含膳食纤维、淀粉、叶酸等，有通便、促进泌乳、利水消肿、改善营养性贫血的功效。

黄豆可以直接吃，也可以泡成黄豆芽吃。

什锦黄豆

养生功效： 宽中、下气、补脾、益血、解毒、降脂、美容。

适宜人群： 一般人群均可食用。

原料： 黄豆 50 克，粉丝、豆角、杏鲍菇各 80 克，盐、葱花、蚝油各适量。

做法： ①黄豆洗净，用水浸泡片刻放入锅中，加水煮熟，捞出。②豆角洗净，切段；杏鲍菇洗净，切细条；粉丝用开水烫一下。③油锅烧热，下豆角与杏鲍菇翻炒，再加入黄豆与粉丝，加蚝油、盐、葱花，翻炒至食材全熟即可。

食材丰富，满足多种营养需求。

黄豆排骨汤

养生功效： 健脾养血、健脑益神、缓解用脑过度而造成的各种疲劳症状。

适宜人群： 青少年等脑力劳动者。

原料： 猪排骨段 600 克，黄豆 150 克，姜片、盐、葱花各适量。

做法： ①猪排骨段洗净，在开水中氽一下，捞出；黄豆洗净，浸泡片刻。②另起一锅，锅中加适量水，放入猪排骨段、黄豆、姜片，大火煮开后改小火炖煮。③豆熟肉烂时加盐调味，撒上葱花即可。

此汤骨酥豆烂，单独吃、佐餐吃均可。

花生牛奶豆浆

养生功效： 促进人体新陈代谢、增强记忆力、抗衰老。

适宜人群： 一般人群均可食用。

原料： 花生仁 30 克，黄豆 40 克，牛奶适量。

做法： ①将花生仁浸泡 6 小时。②黄豆浸泡一夜。③将花生仁、黄豆、牛奶放入豆浆机中加水制成豆浆即可。

豆腐
预防骨质疏松

在豆制品家族中，豆腐深受大家喜爱，其颜色洁白，质地柔软，制作出的菜品口感多变，是一种可塑性强的食材。

营养师解读食材

豆腐是用黄豆加工制作而成的，营养成分和黄豆类似，营养的人体吸收率较高。常食豆腐，健脑的同时能抑制胆固醇升高。经常吃豆腐还能有效地预防骨质疏松、乳腺癌和前列腺癌的发生。豆腐含有大豆异黄酮，可调整乳腺对雌激素的反应，有效预防乳腺癌。豆腐中含有的皂苷，可清除体内自由基，有显著的抗癌活性，具有抑制肿瘤细胞生长、抑制血小板聚集、抗血栓的功效。

宜忌人群

适宜人群：一般人群均可食用。

禁忌人群：痛风病人、血尿酸浓度增高的患者慎食。

四季食材选购指南

优质豆腐呈均匀的乳白色或淡黄色，稍有光泽，块形完整，软硬适度，具有一定的弹性，质地细嫩，结构均匀，无杂质，散发豆腐特有的香味。包装的豆腐很容易腐坏，买回家后，应立刻浸泡于水中，并放入冰箱冷藏，烹调前再取出。

宜

豆腐 + 鲫鱼：清心润肺，健脾利胃。

豆腐 + 平菇：增加蛋白质的吸收率。

豆腐 + 海带：预防碘缺乏。

不宜

豆腐 + 蜂蜜：蜂蜜性凉滑利，豆腐性凉，二者同时食用容易导致腹泻。

豆腐 + 菠菜：菠菜中的草酸易与豆腐中的钙结合成草酸钙，在人体内形成结石。

营养师厨房的养生秘密

北豆腐
（补钙）

又称卤水豆腐，适合炒菜、炖汤，蛋白质和钙含量较丰富，特别适合老人、孕妇、产妇食用。

南豆腐
（美白）

南豆腐是用石膏作为凝固剂制成的，色泽较白，质地细嫩，含水量高，适合凉拌或做汤，常食用可使肌肤变白嫩。

内酯豆腐
（健脾利湿）

蛋白质流失量少，保水率高，质地细嫩，口感好，有益中气、和脾胃、健脾利湿的功效。

不同品种的豆腐应用不同的方式烹饪。

鱼头豆腐汤

养生功效： 鱼头富含卵磷脂、蛋白质、钙、磷及维生素 B_1，与豆腐一同炖汤，可催乳、补脑。

适宜人群： 孕产妇。

原料： 鱼头半个，豆腐200克，枸杞子、姜、盐各适量。

做法： ①姜、豆腐切片；鱼头洗净，与豆腐片分别放入油锅中炸出香味。②将鱼头、豆腐片、枸杞子与姜片一同放入锅内，加适量水。③小火煲30分钟，加盐调味即可。

麻婆豆腐

养生功效： 补充丰富的蛋白质，滋阴润燥、补虚养血。

适宜人群： 血液循环不良者、手足冰冷者。

原料： 豆腐400克，猪肉末80克，水淀粉、料酒、盐、酱油、葱花、郫县豆瓣酱各适量。

做法： ①豆腐洗净，切块。②猪肉末用料酒、盐腌制片刻。③油锅烧热，下猪肉末滑散，肉末炒至变色时加入郫县豆瓣酱翻炒。④加适量水，然后放入豆腐，加盐、酱油炖煮至食材全熟。⑤用水淀粉勾芡后撒葱花即可。

葱花拌豆腐

养生功效： 补充蛋白质和钙，可益气补中、生津润燥、和脾胃、抑制血糖升高。

适宜人群： 一般人群均可食用。

原料： 豆腐300克，小葱50克，香油、醋、盐各适量。

做法： ①小葱择洗干净，切成葱花，备用。②豆腐切成块，放入热水锅中焯去豆腥味，捞出沥干水分，待用。③将切好的葱花放入豆腐中，放入适量醋、香油、盐，搅拌均匀即可。

水产
鲫鱼
催乳、补虚

鲫鱼是人们常吃的一种鱼，适合红烧、清蒸，肉质细嫩，
营养全面，蛋白质含量丰富，脂肪含量少。

营养师解读食材

鲫鱼的催乳下奶功效为人熟知，所以常常用鲜活鲫鱼煨汤，给产妇食用，有辅助治疗产后少乳或催乳之用。鲫鱼所含蛋白质质优、种类齐全，易消化吸收，经常食用可增强抗病能力，是肝肾疾病、心脑血管疾病患者补充蛋白质的好选择。鲫鱼含有较多核酸，常吃可以润肤养颜、抗衰老。鲫鱼汤具有较强的滋补作用，非常适合中老年人、病后虚弱者及产妇食用。

宜忌人群

适宜人群：一般人群均可食用，尤其适合慢性肾炎引发的水肿患者、哺乳期妇女。

禁忌人群：感冒发热者不宜多吃。

四季食材选购指南

每年 2~4 月和 8~12 月是鲫鱼最为肥美的时候。优质的活鲫鱼好动、反应敏捷、游动自如，体表有一层透明的黏液，各部位无伤残。新鲜鲫鱼眼睛略凸，眼球黑白分明。身体扁平、色泽偏白的鲫鱼肉质比较鲜嫩。

宜

鲫鱼 + 豆腐：清心润肺，健脾利胃。

鲫鱼 + 木耳：补充核酸，抗老化。

鲫鱼 + 花生：有利于吸收营养。

不宜

鲫鱼 + 麦冬：麦冬养阴生津、清热化痰，可滋养阴液，鲫鱼利水消肿，二者功能相左，故不宜同食。

营养师厨房的养生秘密

鲫鱼
（催奶下乳、温中下气）
鲫鱼个头较小，有健脾利湿、催奶下乳、和中开胃、温中下气的药用价值。

鲤鱼
（明目、消水肿、通乳汁）
鲤鱼富含人体必需的氨基酸、矿物质、维生素 A 和维生素 D 等营养素，具有明目、消水肿、通乳汁的功效。

草鱼
（开胃、滋补）
草鱼肉嫩而不腻，可以开胃、滋补，具有暖胃和中、平降肝阳的功效。

黄花鱼
（健脾益气、开胃消食）
黄花鱼味甘，性平，能健脾益气、开胃消食。常食对食欲不振、失眠症有缓解作用。

鲫鱼炖汤时要少放盐、不放味精，才能保持其鲜味。

鲫鱼萝卜汤

养生功效：消脂、化痰、消积化滞、益气健脾。

适宜人群：尤其适合高血压、动脉硬化、冠心病、消化不良的患者。

原料：鲫鱼1条，白萝卜半根，姜片、葱段、香菜碎、盐各适量。

做法：①白萝卜洗净，去皮，切丝。②鲫鱼处理干净，鱼身两面划出花刀，用盐腌制片刻。③油锅烧热，下姜片、葱段爆香，放入鲫鱼，略煎。④加适量水，下白萝卜丝同炖成汤，最后加盐调味，撒上香菜碎即可。

鲫鱼豆腐汤

养生功效：具有清心润肺、健脾益胃的功效，是秋冬干燥季节的清润汤品。

适宜人群：皮肤干燥者、骨质疏松者、孕产妇。

原料：鲫鱼1条，豆腐100克，姜片、葱花、葱段、盐各适量。

做法：①鲫鱼处理干净，鱼身两面划出花刀，用盐腌制片刻。②豆腐洗净，切块，备用。③油锅烧热，下姜片、葱段爆香，放入鲫鱼，略煎。④加适量水，放入豆腐块，同炖成汤。⑤最后加盐调味，撒葱花即可。

鲫鱼粥

养生功效：补血、活血、滋补、强身。

适宜人群：一般人群均可食用，尤其适合产妇。

原料：鲫鱼1条，大米、小米各20克，葱段、姜末、香油、盐各适量。

做法：①大米、小米洗净。②鲫鱼处理干净，切块，放入锅中，加葱段、姜末、盐、水，炖至肉烂，用汤筛去刺留汁，放入大米、小米、水，煮至米熟，淋香油即可。

虾
补钙、防止动脉硬化

虾味道鲜美,做法多样,含有丰富的蛋白质、维生素 A、钾、碘等营养素,具有助消化、通乳、预防高血压的作用。

营养师解读食材

虾在水产类食材中的上桌率算是很高的,水煮虾、清蒸虾、油焖虾都是非常简单又营养的做法。虾的肉质松软,易消化,特别适合老年人和儿童,对身体虚弱及病后需要调养的人来说也是很好的食物。

虾具有较强的通乳作用,并且富含钙、磷等营养成分,对产后新妈妈的身体恢复大有裨益。此外,虾皮(虾米)同样富含钙,是钙质的良好来源。

宜忌人群

适宜人群:一般人群均可食用,尤其适宜中老年人、孕妇、心血管病患者以及肾虚阳痿、男性不育症、腰脚无力之人。

禁忌人群:患有皮肤湿疹、癣症、皮炎者,以及阴虚火旺者、体质易过敏者不宜吃虾。

四季食材选购指南

虽然市场上一年四季都有虾出售,但是每年 4~11 月份上市的虾味道最为鲜美。购买时最好选择活虾,外壳透明光亮,颜色青白或青绿,头与躯体紧密相连,须足无损,外表无污物的虾品质非常好。

宜

虾 + 丝瓜:润肺,补肾,美肤。

虾 + 燕麦:护心,解毒。

虾 + 莲藕:改善肝脏功能。

不宜

虾 + 香菇:虾容易引起过敏,而香菇又是被列为气喘的引发物之一,二者不宜搭配着吃。

营养师厨房的养生秘密

对虾
(抗氧化、预防肿瘤)

对虾体内很重要的一种物质就是虾青素,其有抗氧化、预防肿瘤的功效。

龙虾
(保护心血管系统)

龙虾体大肉多,滋味鲜美,蛋白质含量高,脂肪含量低,其氨基酸组成优于其他肉类,可减少血液中的胆固醇含量,保护心血管系统。

基围虾
(养血固精)

是常见的淡水虾,肉质松软,易消化,具有补肾、通乳、养血固精等功效。

海虾
(强身健体)

海虾海腥味较重,矿物质含量要比淡水虾高,尤其碘、磷含量高,对人体健康大有裨益。

烹饪虾前应将虾线清除，口感更好，也更卫生。

油焖虾

养生功效：虾是人体蛋白质和多种矿物质的优质来源，是理想的补益品。

适宜人群：孕妇、青少年。

原料：虾200克，白糖、香油、葱段、姜片、盐、高汤各适量。

做法：①将虾收拾干净，去掉虾线。②油锅烧热，下葱段、姜片煸香，放入虾煸炒出虾油。③加入盐、白糖、高汤烧开，盖上盖儿，用小火焖透。④汁浓时淋入香油即可。

韭菜炒虾仁

养生功效：虾仁蛋白质含量高、脂肪含量低，含有丰富的卵磷脂，韭菜暖肾脏、补气血，二者同食有益身体健康。

适宜人群：肾阳虚、腰膝酸软、阳痿早泄者。

原料：韭菜150克，虾仁100克，葱丝、盐、料酒、高汤、香油各适量。

做法：①韭菜洗净切段。②油锅烧热，下葱丝炝锅，放入虾肉煸炒，放料酒、盐、高汤稍炒。③放入韭菜翻炒，淋入香油即可。

香椿炒虾仁

养生功效：清热利湿、补充优质蛋白质。

适宜人群：一般人群均可食用。

原料：香椿50克，虾200克，盐、料酒、香油各适量。

做法：①香椿洗净，切段；虾洗净，去虾线，剥出虾仁。②油锅烧热，倒入虾仁翻炒片刻，再加香椿，炒熟后加盐、料酒，最后淋上香油即可。

螃蟹
清热解毒、养筋活血

螃蟹看起来凶凶的，第一个吃螃蟹的人真的需要很大的勇气呢！现在大家都知道蟹肉的味道其实是非常鲜美的，因此也经常把它作为馈赠亲友的佳品。

营养师解读食材

螃蟹是食中珍味，素有"一盘蟹，顶桌菜"的民谚。它不但味道美，且营养丰富，富含蛋白质、钙、磷、铁等营养素，能较好地滋补身体。螃蟹有清热解毒、补骨填髓、养筋活血等功效，对于瘀血、黄疸、腰腿酸痛和风湿性关节炎等有一定的食疗效果。

宜忌人群

适宜人群：一般人群均可食用，尤其适宜跌打损伤、筋断骨碎者食用。

禁忌人群：脾胃虚寒、腹痛、风寒感冒未愈者忌食；月经过多、痛经者及孕妇忌食，尤忌食蟹爪。

四季食材选购指南

金秋时节，菊香蟹肥，是品尝螃蟹的好季节。肥美的螃蟹背甲壳呈青灰色，有光泽，肚白，肚脐凸出，蟹足上绒毛丛生。将螃蟹翻转身来，腹部朝天，能迅速用螯足弹转翻回的，表示活力强，可长时间存活；不能翻回的，表示活力差，存放的时间不能长。

宜

螃蟹＋生姜：杀菌驱寒。

螃蟹＋醋：调味抑菌。

螃蟹＋小米：提高蛋白质的吸收率，养胃。

不宜

螃蟹＋啤酒：两种食品中嘌呤含量都较高，吃多了会引起痛风。

螃蟹＋柿子：性寒凉，易引起腹痛。

营养师厨房的养生秘密

河蟹
（散血、催产）
河蟹性寒，有散血功效；蟹爪则可催产下胎。

海蟹
（清热、散血、滋阴）
海蟹肉多，脂膏肥满，味鲜美，营养丰富，具有清热、散血、滋阴的功效。

秋天是螃蟹黄多肉满之时，这时的螃蟹味道极为鲜美。

香辣蟹

养生功效：此菜可以舒筋、益气、补虚、除烦。

适宜人群：一般人群均可食用。

原料：活蟹2只，猪肉末50克，干辣椒、花椒、葱段、姜片、蒜片、淀粉、酱油、料酒、白糖、盐、蚝油各适量。

做法：①活蟹宰杀切块，加盐腌制入味。②拍破蟹钳，在横切面上沾少许淀粉，放入热油锅炸至金黄，捞出。③油锅烧热，放入猪肉末煸干，下干辣椒、花椒炒香，再下葱姜蒜与蟹块同炒，加余下调味料炒匀即可。

红烧小螃蟹

养生功效：健脾益肾、补虚强身。

适宜人群：心烦气躁者、体力不支者。

原料：小螃蟹500克，酱油、葱段、姜片、花椒、醋、盐、料酒各适量。

做法：①小螃蟹刷洗干净，放入开水锅中焖煮，焖好后对半切开。②油锅烧热，加入姜片、花椒煸香后，倒入小螃蟹。③大火翻炒，滴入几滴醋，然后倒入酱油、料酒，加水焖煮约半小时。④待水快烧干时大火收汁，加入盐、葱段，翻匀即可。

清蒸螃蟹

养生功效：增强免疫力。

适宜人群：一般人群均可食用。

原料：螃蟹2只，醋、姜片、葱段、姜末各适量。

做法：①螃蟹洗净。②蒸锅加水，放入葱段和姜片，将洗好的螃蟹腹部朝上放入锅中蒸15~20分钟。③醋中加姜末调成蘸料，蘸食即可。

扇贝
保护皮肤、降低胆固醇

扇贝的肉能够食用，壳可作为艺术品，它的闭壳肌可以制作成干贝。扇贝含有降低血清胆固醇的物质，经常食用可令体内胆固醇水平下降。

营养师解读食材

扇贝适于蒸食，能很好地保留营养，而且味道清香。扇贝含有丰富的维生素E，能够抑制皮肤衰老、防止色素沉着，还能去除因皮肤过敏或是感染而引起的皮肤干燥和瘙痒等皮肤损害。扇贝含有降低血清胆固醇的物质，它们兼有抑制胆固醇在肝脏合成和加速排泄胆固醇的独特作用，从而使体内胆固醇水平下降。

宜忌人群

适宜人群：一般人群均可食用，尤其适宜高胆固醇、高脂血症患者以及患有甲状腺肿大、支气管炎等疾病的人。

禁忌人群：有宿疾者、脾胃虚寒者慎食。

四季食材选购指南

9月是吃扇贝的好时候。挑选活养扇贝，应选择外壳颜色比较一致且有光泽、大小均匀的扇贝，不能选太小的。然后看其壳是否张开，闭合紧的一般就是活扇贝。

宜

扇贝＋醋：抑菌调味。

扇贝＋蒜：抑菌去腥。

不宜

扇贝＋柿子：二者都是寒凉之物，同食易引起腹泻，损伤肠胃。

营养师厨房的养生秘密

扇贝
（健脑明目、养颜护肤、健脾和胃）

味道鲜美、营养丰富，具有健脑明目、养颜护肤、健脾和胃等功效。

牡蛎
（美容养颜）

牡蛎的矿物质含量较高，其中锌含量尤为丰富，是美容养颜的好食材。

蛤蜊
（降低胆固醇）

蛤蜊中含有的营养素对降低人体胆固醇水平很有帮助。

河蚌
（清热消渴、滋阴平肝、明目）

河蚌肉对人体有良好的保健功效，有清热消渴、滋阴平肝、明目等作用。

不能吃没有煮熟透的扇贝，以免传染上疾病。

香辣扇贝丁

养生功效：可以健脾和胃、养颜嫩肤，还能降低细胞癌变概率。

适宜人群：食欲不振者。

原料：扇贝肉 300 克，红椒丝、芹菜段各 50 克，盐、辣椒粉、蒜蓉、料酒各适量。

做法：①扇贝肉洗净，切丁。②油锅烧热，下蒜蓉爆香后入红椒丝、芹菜段翻炒。③芹菜段变软时放入扇贝丁继续翻炒，加辣椒粉、盐、料酒调味。④待食材全熟时即可起锅。

爆炒出来的扇贝更香。

酒香焗扇贝

养生功效：不但可以开胃，还能养气活血、增加皮肤弹性、延缓衰老。

适宜人群：女性。

原料：扇贝肉 300 克，红椒 20 克，白葡萄酒、盐、黑胡椒粉各适量。

做法：①扇贝肉洗净；红椒洗净，切碎。②油锅烧热，下红椒爆香，然后放入扇贝肉，加白葡萄酒煎至两面金黄。③起锅后再撒上盐、黑胡椒粉即可。

蒜蓉烤扇贝

养生功效：补肾养血、和胃调中。

适宜人群：一般人群均可食用。

原料：扇贝肉 300 克，蒜蓉、葱花、姜末、蚝油、香油、盐、料酒各适量。

做法：①将扇贝清洗干净后，在盐水中浸泡 10 分钟左右。②将蒜蓉、葱花、蚝油、姜末、香油、盐、料酒，依次放在扇贝上。③放入微波炉，中火 10~15 分钟即可。

海带
补碘、预防高血压

海带是人们常食的海藻类食物，营养价值高，含有丰富的碘，可预防甲状腺疾病。孕妇应适当吃海带，以满足胎宝宝甲状腺发育的需求。

营养师解读食材

海带风味独特，食法很多，凉拌、荤炒、煨汤都可以。海带是一种碱性食物，经常食用会促进人体对钙的吸收。在油腻的食物中掺进点海带，既可解腻又可预防脂肪在体内积存。海带含有大量的碘，具有一定的药用价值，可预防甲状腺机能减退症。海带中的优质蛋白质和不饱和脂肪酸，对心脏病、糖尿病、高血压有一定的防治作用。海带中的胶质能促使体内的放射性物质随同大便排出体外，可减少放射性疾病发生的概率。

宜忌人群

适宜人群：糖尿病、心血管疾病、铅中毒、缺钙、癌症、肥胖、甲状腺肿大、疝气、睾丸肿痛、带下、水肿、脚气患者。

禁忌人群：胃寒患者。

四季食材选购指南

食用海带四季皆宜，干海带表面有白色粉末状附着，以褐绿色或土黄色，叶宽厚，无泥沙杂质，整洁干净，无霉变，且手感不黏者为佳。将海带密封后，放在通风干燥处，可以保存很长时间。

宜

海带 + 圆生菜：促进铁的吸收。

海带 + 菠菜：防止结石。

海带 + 豆腐：预防碘缺乏。

不宜

海带 + 猪血：二者中的铁含量都非常丰富，食用过多容易导致便秘，从而影响人体对营养素的消化吸收。

营养师厨房的养生秘密

海带（湿）
（抗辐射）

新鲜的海带水分充足，胶质丰富，有助于体内放射性物质的排出，并减少放射性疾病的发生。

海带（干）
（排毒消肿）

干制的海带表面有一层白霜，那是植物碱经过风化形成的一种叫作甘露醇的物质，非但无害，还有排毒消肿的作用。

紫菜（干）
（促进骨骼发育、消水肿）

紫菜营养丰富，其蛋白质含量超过海带，并含有较多的胡萝卜素、钙、铁等，能促进骨骼、牙齿的发育，并可辅助治疗水肿。

烹饪时加点醋能让海带更易熟软。

鲜辣海带

养生功效：开胃、补碘、降压降脂、防治夜盲症、抑制乳腺癌。

适宜人群：夜盲症患者、甲状腺功能低下者。

原料：海带结 400 克，干辣椒、盐、姜末、香油各适量。

做法：①海带结洗净，焯熟，放入碗中。②锅中倒香油，加热；下干辣椒、姜末煸香。③煸炒好的干辣椒与姜末倒在海带结上，再加入盐一起拌匀，腌制两小时后即可。

海带食用前不用长时间浸泡。

海带炒干丝

养生功效：降脂降压，还能利尿消肿。

适宜人群：尤其适合冠心病患者、"三高"患者。

原料：海带丝 300 克，干丝 100 克，盐、蒜蓉各适量。

做法：①海带丝洗净，在开水中焯一下，捞出。②油锅烧热，下蒜蓉煸炒。③加入海带丝与干丝，加盐一起翻炒。④炒至食材全熟时即可。

冬瓜海带排骨汤

养生功效：可滋阴润燥、益精补血、强身健体。

适宜人群：一般人群均可食用。

原料：猪排骨块 200 克，冬瓜 100 克，海带、香菜碎、姜片、盐各适量。

做法：①海带先用清水洗净泡软，切成丝；冬瓜洗净，连皮切成大块。②将排骨块放入烧开的水中氽一下，捞起洗净。③将排骨、海带、冬瓜、姜片一起放进锅里，加适量清水，用大火烧开 15 分钟后，用小火煲熟。④快起锅的时候，加盐调味，撒上香菜碎即可。

第二章

营养师教你
对症吃家常菜

降血压

 宜饮食有规律　　 不宜长期食用高脂肪、高胆固醇食物　　 做菜时，少放盐

高血压是比较常见的一种疾病，高血压患者平时除了吃药、注意保持**良好的生活习惯**以外，还可以通过饮食调理帮助降低血压。常见的具有降血压作用的食物有**芹菜**、葱、洋葱、**海带**、**木耳**、**芥蓝**、西瓜、柠檬、韭菜、荸荠、猕猴桃、苹果等。

核桃仁拌芹菜

原料： 芹菜 100 克，核桃仁 20 克，盐、香油各适量。

做法： ①芹菜择洗干净，切段，用开水焯一下，过凉水，沥干水分，放盘中，加入盐、香油。②加入核桃仁拌匀即可。

清炒芥蓝

原料： 芥蓝 350 克，红椒丝、香油、盐、葱丝各适量。

做法： ①芥蓝洗净，切段。②油锅烧热，加入芥蓝、红椒丝、葱丝翻炒。③起锅前，加香油、盐调味即可。

白芝麻海带结

原料： 宽海带 80 克，白芝麻 10 克，白糖、盐、酱油、香油各适量。

做法： ①白芝麻洗净，在干锅中炒熟盛出，凉凉；宽海带洗净，切成长条，打成结。②打好结的海带煮熟，捞出，沥干。③在海带结中加酱油、盐、白糖、香油拌匀，撒上白芝麻即可。

降血脂

 宜定期体检　　 不宜长期食用高脂肪、高胆固醇的食物　　❗ 慎食动物性脂肪

合理的膳食结构是控制血脂升高的前提，高脂血症的饮食原则是"四低一高"，即低热量、低脂肪、低胆固醇、低糖、高膳食纤维。常见的具有降低血脂功效的食材有玉米、燕麦、牛奶、洋葱、大蒜、杏仁、菊花、鸡蛋、黄豆、蘑菇、木耳、苦荞、茶、鱼、茄子、海带、菜花、苦瓜、蒜薹、芹菜、黄瓜、山楂、猕猴桃等。

酱香蒜薹

原料：蒜薹 300 克，盐、豆瓣酱、蒜蓉各适量。

做法：①蒜薹洗净，切段。②油锅烧热，加蒜蓉煸炒出香味。③加入蒜薹段翻炒至变色，加豆瓣酱、盐调味即可。

双耳炒黄瓜

原料：木耳、银耳各 10 克，黄瓜 1 根，盐、姜末各适量。

做法：①木耳和银耳放入温水中泡发，洗净后撕小朵；黄瓜洗净，切片。②油锅烧热，加姜末爆香，放入木耳和银耳煸炒。③再放入黄瓜片翻炒，至食材全熟，加盐调味即可。

凉拌茶树菇

原料：鲜茶树菇 300 克，红椒、姜末、花椒油、盐、酱油、香油、葱花各适量。

做法：①鲜茶树菇去根，洗净，焯水断生，捞出沥水，撕成丝；红椒洗净，切丝，入油锅稍煸炒一下。②将鲜茶树菇丝、红椒丝与酱油、盐、姜末、花椒油、香油和葱花拌匀即可。

降血糖

✓ 多做运动，控制饮食量，少食多餐

✗ 忌吃含糖量高的水果，忌喝含糖饮料

❗ 慎喝含酒精的饮品

高血糖患者平时要从饮食、睡眠、运动、情绪、生活起居等多方面注意。饮食上要根据自身体重控制主食的量，做到**少食多餐**，并且多食荞麦、燕麦、薏米、黄豆、**绿豆**、**苦瓜**、南瓜、芦荟、芦笋、豆芽菜、白菜、金针菇、马齿苋、西葫芦、鲤鱼、柚子、核桃、**腰果**等。

南瓜绿豆汤

原料：南瓜 120 克，绿豆 50 克。

做法：①南瓜洗净，去皮，切块；绿豆洗净，用水浸泡 2 小时。②锅中加适量水，先加绿豆煮至半熟，再加南瓜熬煮成汤即可。

苦瓜汁

原料：苦瓜 1 根。

做法：①苦瓜洗净，去瓤，切块。②放入榨汁机中搅打之后过滤取汁，加温开水拌匀饮用。

腰果西蓝花

原料：西蓝花 200 克，腰果 50 克，胡萝卜半根，白糖、盐、水淀粉各适量。

做法：①将西蓝花洗净掰小朵；胡萝卜洗净，去皮切片。②锅内加水煮沸，放入西蓝花略煮，捞出备用。③油锅烧热，放入西蓝花、胡萝卜翻炒，加入盐、白糖及适量清水，用水淀粉勾芡，放入腰果略炒即可。

预防痛风

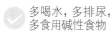 多喝水，多排尿，多食用碱性食物

 禁止喝酒，尤其是啤酒

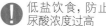 低盐饮食，防止尿酸浓度过高

痛风患者要限制嘌呤含量高的食物，比如动物内脏、沙丁鱼、扇贝、鹅、虾、浓肉汤、菌藻类、扁豆、黄豆及豆制品等。在生活中可以多选择嘌呤含量低的食物，比如黄瓜、西红柿、全麦面包、蛋清、牛奶等。**富含钾元素的食物也可以多食用**，比如香蕉、西芹、西蓝花、柠檬等，因为这些食物可以促进尿酸排泄，缓解痛风症状。

嫩西葫芦可留皮食用。

西红柿炒西葫芦

原料：西葫芦 100 克，西红柿 150 克，蒜片、盐各适量。

做法：①西葫芦洗净，去皮，切片；西红柿洗净，切小块，待用。②锅放油烧热，放入蒜片爆香，放入西红柿块、西葫芦片，翻炒均匀，关火闷 2 分钟左右，加盐调味即可。

腰果百合炒芹菜

原料：百合 50 克，芹菜 100 克，红椒片 30 克，腰果 40 克，盐、白糖各适量。

做法：①百合洗净，切去头尾分开数瓣；芹菜洗净，切段。②锅内放油，开小火，放腰果炸至酥脆捞起放凉。③留底油，放红椒片及芹菜段，大火翻炒；放百合、盐、少许白糖，翻炒后盛出，撒上腰果。

西蓝花鱼片粥

原料：鱼片 50 克，西蓝花、大米各 100 克，料酒、盐、姜末、香油各适量。

做法：①西蓝花洗净掰小朵，焯水后捞出。②鱼片加盐、料酒、姜末搅拌均匀，腌制 30 分钟；大米淘洗干净。③砂锅内加水，下大米，水开后转小火焖煮 40 分钟，加西蓝花再焖煮 10 分钟。④将鱼片下入锅中，轻轻搅拌，煮至肉熟，加盐、香油即可。

防癌抗癌

 多吃有防癌功效的蔬菜水果　　 忌吃油炸、腌制、熏烤等辛辣刺激性食物　　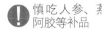 慎吃人参、燕窝、阿胶等补品

饮食与肿瘤的发生有着千丝万缕的关系，吃错了会"引爆"癌症，吃对了则能起到防癌的作用。常见食材中有很多具有防癌抗癌的功效，比如芦笋、圆白菜、菜花、芹菜、茄子、红薯、胡萝卜、大蒜、洋葱、木耳、香菇等。

鲜虾炒芦笋

原料：芦笋 300 克，虾 200 克，盐、姜片、蚝油、淀粉、高汤各适量。

做法：①芦笋洗净，切段，焯水；虾去壳，取虾仁，去虾线，洗净备用。②虾仁用淀粉、盐拌匀。③油锅烧热，下姜片煸炒几下，加入芦笋、虾仁翻炒，加入高汤继续翻炒。④再加盐、蚝油调味，炒至食材全熟即可。

木耳炒圆白菜

原料：水发木耳 50 克，圆白菜、红椒各 40 克，盐、高汤、白糖、水淀粉各适量。

做法：①木耳洗净，撕小朵；红椒和圆白菜洗净切片。②油锅烧热，放入木耳、圆白菜、红椒翻炒，加高汤、盐、白糖稍煮，用水淀粉勾芡即可。

奶香菜花

原料：菜花 300 克，鲜牛奶 125 毫升，胡萝卜、玉米粒、青豆、盐、水淀粉、黄油各适量。

做法：①菜花掰小朵，洗净；胡萝卜洗净，切丁。②锅烧热，加入黄油用小火化开，倒入菜花、胡萝卜丁、青豆和玉米粒翻炒至熟。③加鲜牛奶、盐调味，用水淀粉勾芡即可。

清热去火

 多喝水，规律作息　　 忌熬夜，忌烟酒，忌发脾气　　 热性食物要少吃

"上火"是日常生活中常见的症状，发病后表现为咽喉干燥、眼睛干涩、鼻腔火辣、食欲不振、大便干燥、小便发黄等症状。要避免"上火"，可多吃具有清火功效的食物，比如薄荷、苦瓜、黄瓜、橙子、西瓜、柚子、柿子、绿豆、金银花、百合、绿茶、菊花、蜂蜜、豆腐、海带等。

蜂蜜柚子梨汁

原料：柚子 2 瓣，梨 1 个，蜂蜜适量。

做法：①柚子去皮、去子，切块；梨洗净，去皮、去核，切块。②将柚子、梨、水放入榨汁机搅打，调入蜂蜜即可。

菊花兔肉汤

原料：兔肉块 250 克，菊花 3~5 克，盐、姜片各适量。

做法：①菊花洗净；兔肉块洗净，用开水汆去血水。②兔肉块与姜片一起放入锅内，加适量清水，大火煮开后，转小火煮约半小时。③待肉熟烂时，加入菊花，再煮半小时，最后加盐调味即可。

苦瓜烧豆腐

原料：苦瓜 1 根，豆腐 200 克，香油、酱油、盐各适量。

做法：①苦瓜、豆腐分别洗净，切条。②油锅烧热，将豆腐煎至金黄后，将苦瓜倒入锅内煸炒，加盐、酱油、适量水，一起炖熟，淋上香油调味即可。

润肺止咳

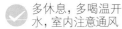 多休息，多喝温开水，室内注意通风　 忌吃生冷、辛辣等刺激性食物，禁烟酒　⚠ 荤腥、油腻、易生痰的食物慎吃

咳嗽是生活中常见的一种病症，咳嗽的时候要注意饮食清淡，多吃新鲜蔬菜，多喝水，忌烟酒、辛辣刺激食物、油腻黏滞不易消化食物。常见的具有润肺止咳效果的食材有雪梨、柚子、柿子、川贝母、枇杷、豆腐、百合、银耳、薄荷、蜂蜜、山药、鸭肉、白萝卜、白菜等。

薄荷柠檬茶

原料：柠檬 50 克，干薄荷、盐各适量。

做法：①柠檬表面涂盐，搓洗干净，切片。②杯子中放入柠檬、干薄荷，加温开水泡开即可。

山药红豆薏米粥

原料：红豆、薏米各 20 克，山药 1 根，燕麦片适量。

做法：①红豆和薏米洗净后，放入锅中，加适量水，用中火烧沸，煮两三分钟，关火，闷 30 分钟。②山药洗净，削皮切小块。③将山药块和燕麦片倒锅中，用中火煮沸后，关火，闷熟即可。

银耳红枣雪梨粥

原料：雪梨 200 克，干银耳 10 克，红枣 5 颗，大米 50 克，冰糖适量。

做法：①干银耳泡发，洗净去蒂，撕成小块，焯一下。②雪梨洗净，切成小块；红枣洗净，去核；大米洗净，浸泡 30 分钟。③锅置火上，放入大米和适量水，大火烧沸后改小火，放入红枣、银耳，小火熬煮 20 分钟。④放入雪梨，小火煮 5 分钟。⑤放入冰糖，搅拌均匀即可。

健脑益智

 营养均衡，饮食合理搭配

 不可熬夜，不可过度疲劳

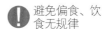 避免偏食、饮食无规律

正在上学的青少年及平时用脑较多的上班族，在饮食上要注意多补充蛋白质、亚油酸、亚麻酸、卵磷脂、维生素、矿物质、葡萄糖等营养元素，同时要注意饮食均衡，不可偏食，避免熬夜、过度疲劳。平时可以多吃鸡蛋、**牛奶**、深海鱼、虾、玉米、花生、芝麻、**核桃**、黄豆、菠菜、芹菜、豆腐、**胡萝卜**等。

牛肉胡萝卜汤

原料：牛肉250克，胡萝卜1根，盐、花椒、八角各适量。

做法：①牛肉洗净切成片；胡萝卜洗净切成片。②锅内放入油，下花椒、八角爆香，加入牛肉稍微煸炒至变色，加水焖煮15分钟。③放入胡萝卜，至胡萝卜熟时，加盐调味即可。

奶香土豆泥

原料：土豆2个，牛奶50毫升，黑胡椒粉、盐各适量。
做法：①土豆洗净，去皮，隔水蒸熟。②将蒸熟的土豆捣成泥，加入牛奶、黑胡椒粉、盐拌匀即可。

菠菜核桃仁

原料：菠菜300克，核桃仁30克，枸杞子5克，芝麻酱、香油、生抽、香醋、白糖、盐各适量。

做法：①菠菜洗净，焯水捞出，切段过凉水沥干。②核桃仁切碎；枸杞子洗净。③将芝麻酱、香油、生抽、香醋、少许白糖、盐调匀，制成酱汁；菠菜段加酱汁、核桃仁、枸杞子拌匀。

补益气血

 饮食宜高营养、易消化　　 忌烟酒，不宜喝浓茶　　⚠ 心慌、头晕时要少活动

贫血患者平时饮食结构要合理，食物必须多样化，不应偏食，否则会因某种营养素的缺乏而引起贫血。**多食含铁丰富的食物**，比如**猪肝**、猪血、瘦肉、奶制品、豆类、**红枣**、**苹果**、绿叶蔬菜等。适当补充酸性食物则有利于铁剂的吸收，忌食辛辣、生冷不易消化的食物，平时可配合滋补食疗以补养身体。

胡萝卜苹果汁

原料：胡萝卜 2 根，苹果 1 个。

做法：①将胡萝卜、苹果分别洗净，切块。②把胡萝卜和苹果放入榨汁机里，加适量的凉开水搅打成汁即可。

桂圆红枣炖鹌鹑蛋

原料：鹌鹑蛋 100 克，红枣 4 颗，桂圆肉、白糖各适量。

做法：①鹌鹑蛋煮熟，去壳；红枣、桂圆肉洗净。②将鹌鹑蛋、红枣、桂圆肉放入碗内，倒入适量温开水，隔水蒸熟，加白糖调味即可。

猪肝拌菠菜

原料：熟猪肝 100 克，菠菜 150 克，蒜泥、香油、酱油、醋、盐各适量。

做法：①熟猪肝切片；菠菜洗净，放入开水焯烫后，切段。②用酱油、醋、蒜泥、香油、盐兑成调味汁。③调味汁浇在菠菜、猪肝上，拌匀即可。

健胃消食

✓ 注意胃部保暖，饮食宜清淡、易消化

✗ 不吃过于冷、烫、硬、辣、黏的食物，忌暴饮暴食

❗ 豆类、红薯等易产气食物少吃

消化不良多表现为饭后腹部疼痛或不适，常伴有恶心、打嗝、肚子胀等。长期的消化不良还会导致营养不良、免疫功能下降等。吃对食物可以改善消化不良的症状，当消化不良时，可多吃促进消化的食物，比如大麦、酸奶、苹果、西红柿、橘皮、鸡肫、番木瓜、白菜、柠檬、猕猴桃、山楂、葡萄、木耳、海带等。

白菜烧肉丸

原料：白菜 300 克，猪肉末 200 克，鸡蛋 1 个，盐、白胡椒粉、姜末、葱花、淀粉各适量。

做法：①白菜洗净，切片；将姜末混入猪肉末，加淀粉、鸡蛋、盐、白胡椒粉，搅匀。②锅中加水，烧开，用勺子把肉馅做成肉丸下到水中，待肉丸漂浮起来时撇去浮沫，加入白菜片。③煮至白菜软烂，加盐调味，最后撒上葱花即可。

荞麦山楂饼

原料：荞麦面 500 克，山楂 200 克，陈皮、石榴皮、乌梅、白糖各适量。

做法：①陈皮、石榴皮、乌梅放入锅中，加水、白糖，煎煮半小时后滤渣留汁，凉凉。②山楂洗净，煮熟，去核，碾成泥，备用。③荞麦面用陈皮乌梅汁和成面团，将山楂泥揉入面团中，做成一个个圆饼。④圆饼下油锅煎熟即可。

菠菜鸡肉煲

原料：菠菜 250 克，母鸡半只，香菇 3 朵，酱油、葱段、姜片、盐、蚝油各适量。

做法：①菠菜择洗干净；香菇洗净，切块；母鸡处理干净，切块。②油锅烧热，下葱段、姜片爆香，加入鸡肉块煸炒片刻。③加盐、酱油、蚝油、水，炖至肉快熟时，加菠菜、香菇煲熟即可。

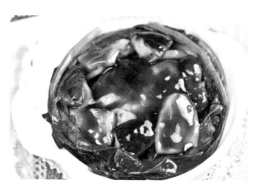

南瓜炖牛腩

原料：牛腩250克，南瓜200克，姜末、番茄酱、盐各适量。

做法：①南瓜洗净，去皮，切块；牛腩洗净，切片，在开水中汆一下，去血水。②锅中加入适量水，下牛腩、番茄酱、姜末，大火煮开后，改小火炖煮。③再加入南瓜继续炖煮至食材烂熟，最后加盐调味即可。

扁豆冬瓜排骨汤

原料：猪排骨400克，冬瓜、扁豆各200克，盐、香油各适量。

做法：①猪排骨洗净，切段，在开水中汆一下，去血水后捞出；冬瓜洗净，去皮，切片；扁豆洗净，切段。②在锅中加入适量水，加入猪排骨，水开后改小火炖煮。③猪排骨快要熟烂时加入冬瓜、扁豆炖煮。④待食材烂熟时，加盐、香油调味即可。

黄豆酱蒸五花肉

原料：五花肉300克，盐、水淀粉、料酒、酱油、黄豆酱各适量。

做法：①五花肉洗净，切块，加盐、料酒、酱油、黄豆酱、水淀粉搅匀，腌制2小时以上。②将腌制好的五花肉隔水蒸熟即可。

补肾壮阳

 放松心态,锻炼身体,调理饮食

 忌烟酒,不宜熬夜,不宜房事过度

 不宜大补特补、暴饮暴食

肾虚表现为出虚汗、胸闷、头晕、耳鸣、腰膝酸软、失眠等,大部分是因为工作压力大、熬夜、烟酒无度、房事过多等原因造成的。**建议多吃补肾食物**,比如羊腰、生蚝肉、核桃、猪肾、板栗、羊肉、山药、泥鳅、桑葚等,平时在食物中可适当地加入一些补肾的中药,比如**人参、鹿茸、灵芝、枸杞子等**。

人参炖鸡汤

原料: 柴鸡1只,人参须3克,红枣2颗,姜片、料酒、盐各适量。

做法: ①柴鸡去内脏,洗净,切块,在开水中余去血水;红枣、人参须洗净。②将鸡块、红枣、姜片、人参须一同放入砂锅,加适量水和料酒,大火煮开后改小火炖煮。③待鸡肉烂熟时加盐调味,起锅即可。

麻酱拌腰片

原料: 猪腰300克,红椒、盐、醋、香菜段、芝麻酱各适量。

做法: ①猪腰处理干净,切片,在开水中余熟;红椒洗净,切丝,焯烫至熟。②芝麻酱用凉开水调开,加盐、醋拌匀,浇在腰片上,撒红椒丝、香菜段点缀即可。

板栗烧牛肉

原料: 牛肉150克,熟板栗肉6颗,姜片、葱花、盐、料酒各适量。

做法: ①牛肉洗净,放入开水锅中余透,切块。②油锅烧热,将牛肉块炸一下,下入葱花、姜片和盐、料酒、清水。③当锅沸腾时,改用小火炖,待牛肉炖至将熟时,下板栗,烧至肉熟烂时收汁即可。

猪腰核桃黑豆汤

原料：猪腰 200 克，黑豆 15 克，核桃 2 个，料酒、盐各适量。

做法：①黑豆用水浸泡 2 小时以上；猪腰处理干净，切块；核桃去外壳，洗净。②锅中加适量水，放入黑豆、猪腰、核桃仁，倒入料酒，大火煮开后改小火炖煮，待食材全熟时加盐调味即可。

木耳炒鱿鱼

原料：鱿鱼 100 克，木耳 50 克，胡萝卜 30 克，盐适量。

做法：①木耳泡发，撕小片；胡萝卜洗净，切丝。②鱿鱼洗净，切花刀，用开水余一下，放适量盐腌制片刻。③锅中放适量油，下胡萝卜、木耳、鱿鱼炒熟即可。

爆炒蛤蜊

原料：蛤蜊 500 克，青椒、红椒各半个，姜末、蒜蓉、料酒、酱油、盐、白糖各适量。

做法：①蛤蜊去泥沙，洗净；青椒、红椒洗净，切片。②油锅烧热，下姜末、蒜蓉爆香，放入青椒片、红椒片翻炒。③青椒片、红椒片变软时放入蛤蜊翻炒，加料酒、酱油、盐、白糖调味，炒至蛤蜊全部开口即可。

烤羊排

原料：羊肋排 500 克，甜面酱、葱花、姜末、蒜蓉、咖喱粉、孜然粉、盐、白糖、料酒、彩椒丝、香菜叶各适量。

做法：①羊肋排洗净，剁块，加甜面酱、葱花、姜末、蒜蓉、咖喱粉、孜然粉、料酒、盐、白糖腌制 4 小时以上。②羊肋排用锡纸包好，放入 180℃的烤箱烤制 40 分钟，装盘撒上彩椒丝、香菜叶即可。

养肝护肝

 多饮水，可促进消化和排出废物。多运动，保持气血顺畅

 忌饮酒，饮酒伤肝。不宜发脾气，怒火伤肝

 少食酸味食物，避免损害肝功能

肝脏不但是人体中最大的消化器官，还是人体中一个重要的解毒器官。要减轻肝脏负担，首先，**饮食要清淡**，易消化，少吃油腻、辛辣或高蛋白、高脂肪的食物。其次，**保持胃肠道的通畅**，多吃膳食纤维含量高的食物，比如山药、红枣、**枸杞子**、菊花、茼蒿、银耳、猪肝、鸡肝、**鸡蛋**、黄豆、胡萝卜、香菇、蜂蜜等。

山药枸杞子汤

原料：山药 200 克，枸杞子 20 克，猪肉丝 50 克，盐、香油各适量。

做法：①山药去皮，洗净，切块；枸杞子洗净。②锅中加适量水，煮开，加山药、枸杞子、猪肉丝同煮成汤，加盐、香油调味即可。

茼蒿猪肝汤

原料：猪肝 120 克，茼蒿 300 克，鸡蛋 1 个，香油、盐各适量。

做法：①茼蒿洗净，切段；猪肝洗净，切片；鸡蛋磕入碗中，加盐搅匀。②锅中加适量水和猪肝，煮至水开。③待猪肝熟了，再倒入鸡蛋液，加入茼蒿轻轻搅匀，加盐、香油调味即可。

枸杞子银耳鸡肝汤

原料：鸡肝 100 克，枸杞子、水发银耳、盐、葱花各适量。

做法：①鸡肝洗净，切块，氽水后捞出备用。②水发银耳撕小朵；枸杞子洗净备用。③锅内加水，放入鸡肝、枸杞子、银耳，大火煮开后转小火，小火焖煮至食材全熟后，加盐、撒葱花调味即可。

润肠通便

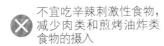多吃富含膳食纤维的食物，每天坚持运动半小时

不宜吃辛辣刺激性食物，减少肉类和煎烤油炸类食物的摄入

❌不宜常吃泻药

现代人生活压力大，饮食不规律，长期运动量少，加之食物加工过于精细，导致粪便干燥坚硬、排便困难。便秘人群平时要保持适度运动，多饮水，多吃蔬菜、水果和粗粮，比如银耳、蜂蜜、香蕉、苹果、燕麦、玉米、核桃、红薯、芹菜、油菜、西蓝花、白菜、韭菜等。

香蕉百合银耳汤

原料：银耳50克，鲜百合80克，香蕉100克。

做法：①银耳泡发，洗净，撕成小朵；百合瓣开，洗净，去老根；香蕉去皮，切片。②银耳放入锅中煮熟，再放入百合与香蕉片，中火煮10分钟即可。

什锦玉米汤

原料：玉米、豌豆、口蘑各40克，圣女果、盐各适量。

做法：①玉米洗净，剥下玉米粒；口蘑、圣女果洗净，口蘑切丁，圣女果对半切开；豌豆洗净。②将玉米、豌豆、口蘑、圣女果放入锅中，加适量水，同煮成汤，最后加盐调味即可。

南瓜红薯软饭

原料：南瓜、红薯各50克，大米30克，小米20克。

做法：①大米、小米洗净后加水浸泡1小时；南瓜、红薯洗净后去皮，切丁。②把泡好的大米、小米和南瓜丁、红薯丁放入电饭煲内，加适量水煮熟即可。

补钙壮骨

 每天晒 10 分钟太阳，多吃含钙高的食物　 不饮用碳酸饮料　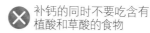 补钙的同时不要吃含有植酸和草酸的食物

人体自身不能制造钙，必须从食物中补给。在补钙的同时，还要**补充维生素 D**，补充维生素 D 主要靠多晒太阳。日常生活中，常见的含钙高的食物有牛奶、虾皮、紫菜、海带、豆腐、排骨、**鸡蛋**、酸奶、奶酪、芹菜、黄豆、芝麻酱、油菜、木耳、香菇、**花生**、鹌鹑蛋、黄花菜、**海鱼**等。

香煎三文鱼

原料：三文鱼 200 克，葱末、蒜末、姜末、盐各适量。

做法：①三文鱼处理干净，用葱末、姜末、蒜末、盐腌制。②锅烧热，倒入油，放入腌制好的鱼，两面煎熟，装盘即可。

木瓜花生排骨汤

原料：猪排骨段 250 克，木瓜 200 克，花生仁 50 克，盐、姜片、香菜叶各适量。

做法：①木瓜洗净，去子去皮，切块，备用；花生仁洗净；猪排骨段洗净，汆去血水。②猪排骨段、花生仁、姜片一起放入锅中，加适量水，大火烧开，转小火煮 2 小时。③放入木瓜煮 30 分钟，加入盐调味，撒上香菜叶即可。

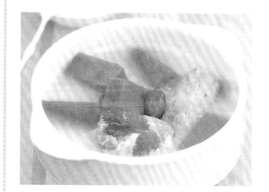

蚕豆炒鸡蛋

原料：蚕豆 300 克，鸡蛋 2 个，盐适量。

做法：①蚕豆洗净，焯水沥干；鸡蛋磕入碗内，放少许盐，搅匀。②油锅烧热，倒入蛋液炒散，加入蚕豆翻炒至熟，加盐调味即可。

消脂瘦身

 保持一定的运动量，控制饮食量　　 忌盲目节食、吃减肥药　　 晚餐要少吃

生活中有许多减肥方法，总的来说，就是要减少热量的摄入，避免多吃高脂肪、高热量、高胆固醇的食物，适当运动，另外，还要注意保证充足的睡眠时间，这样才能保证身体的正常新陈代谢，让脂肪消耗得更快。想要消脂瘦身可经常食用苹果、**草莓**、香蕉、菠萝、魔芋、香菇、**苦瓜**、**黄瓜**、冬瓜、燕麦、酸奶等食物。

水果拌酸奶

原料：酸奶 250 毫升，苹果、香蕉、草莓各适量。

做法：①将苹果洗净，去皮、去核，切成小块；草莓洗净，去蒂，切块；香蕉剥皮，切成小块。②再倒入酸奶，以没过水果为好，拌匀即可。

苦瓜炒鸡蛋

原料：苦瓜 1 根，鸡蛋 2 个，盐适量。

做法：①鸡蛋打入碗中，加盐搅匀；苦瓜洗净，去瓤切片。②油锅烧热，加鸡蛋炒熟盛出。③锅内倒一点油，加苦瓜炒熟，再倒入鸡蛋翻炒几下，加盐即可。

猪肝拌黄瓜

原料：猪肝 250 克，黄瓜半根，香菜末、酱油、醋、香油、盐各适量。

做法：①猪肝洗净，煮熟，切成薄片；黄瓜洗净，切片。②将黄瓜摆在盘内垫底，放上猪肝，再淋上酱油、醋、香油、盐，撒上香菜末即可。

排毒养颜

 多运动，多补水，
饮食注意遵循规律

 不可通宵熬夜，不宜吃垃
圾食品

 少吃精细粮，
少吃油腻食物

只有及时排出体内的有害物质及过剩营养，保证五脏和体内的清洁，才能保持身体的健美
和肌肤的美丽。排毒的方法有很多，比如运动出汗，不暴饮暴食，不贪厚味，避免吃垃圾食
品，不要乱用药。常见的排毒食物有黄瓜、荔枝、**西红柿**、木耳、蜂蜜、**胡萝卜**、绿豆、猪血、海
带、茶叶、无花果、百合、银耳、决明子、桑葚等。

棒骨海带汤

原料：水发海带丝100克，猪棒骨500克，葱段、姜
片、醋、盐各适量。

做法：①猪棒骨汆水，放入热水锅中，加葱段、姜片、
六成熟时放入海带丝，加醋。②猪棒骨煮至熟透，起
锅前放盐调味。

西红柿炖牛腩

原料：牛腩块250克，西红柿1个，洋葱、盐各适量。

做法：①牛腩块洗净，用沸水煮开，去掉血水，捞起
备用。②西红柿、洋葱洗净切块，和汆烫过的牛腩块
一同放入汤锅中，加适量水，大火煮开，转小火继续
煲1.5小时。③加盐调味，再煮10分钟即可。

胡萝卜虾泥馄饨

原料：胡萝卜、虾仁、香菇各20克，鸡蛋1个，馄饨
皮、葱末、盐各适量。

做法：①胡萝卜洗净，擦丝；香菇和虾仁泡好后剁碎；
鸡蛋打成蛋液。②锅内倒油，放葱末，下胡萝卜丝煸
炒，倒入蛋液划散，凉凉。③所有材料混合加盐，和
成馅儿；包成馄饨，煮熟，点缀葱末即可。

祛斑美白

 出门注意防晒，多喝水，多运动

 保证睡眠，避免熬夜、作息不规律

⚠ 慎吃辛辣刺激性食物

脸上长斑的原因有很多，大体分为遗传因素、内分泌失调、紫外线照射、生活作息不规律几种。要想祛斑，须由内到外调理，饮食上要注意多吃蔬菜水果，注意多食用含有维生素 C 和铁的食物，不要食用辛辣刺激性食物；生活上要注意调整情绪和压力，外出时做好防晒工作。常见的祛斑食物有豆浆、牛奶、蜂蜜、黄瓜、西红柿、胡萝卜、茄子、木耳、木瓜、柠檬、猕猴桃、橙子、柚子等。

西红柿炖豆腐

原料：西红柿 100 克，豆腐 200 克，葱末、盐各适量。

做法：①西红柿洗净，切块；豆腐冲洗干净，切块。②油锅烧热，放入西红柿块煸炒，放入豆腐块，加适量水，大火烧开后转小火炖 10 分钟。③大火收汤，加盐调味，撒上葱末。

鲜奶木瓜炖雪梨

原料：鲜牛奶 250 毫升，雪梨 100 克，木瓜 50 克，蜂蜜适量。

做法：①雪梨、木瓜洗净，去核去皮，切块。②将雪梨、木瓜放入锅中，加入鲜牛奶和适量清水，煮至食材熟透，加蜂蜜调味即可。

西米猕猴桃糖水

原料：西米 100 克，猕猴桃 2 个，枸杞子、白糖各适量。

做法：①将西米洗净，用清水泡 2 小时；猕猴桃洗净，去皮切成粒；枸杞子洗净。②锅里放适量水烧开，放西米煮 15 分钟，加猕猴桃、枸杞子、白糖，用小火煮透即可。

安神助眠

✓ 饮食宜清淡，睡前可做温
和运动，如冥想或太极等　　✗ 忌熬夜、生活不规律，
睡前不可喝茶　　✗ 晚餐不宜吃得
过饱

睡眠不好严重威胁着现代人的健康，可从以下几方面调理：以清淡而富含蛋白质、维生素
的饮食为宜；生活有规律，睡前不饮茶和咖啡等刺激饮料；保持愉悦的情绪和状态。常见
的助眠安神食物有小米、核桃、腰果、莲子、红枣、桂圆、莲藕、荔枝、苹果、牛奶、葵花子、
蜂蜜、菊花、燕麦、牡蛎等。

桂圆红枣莲子粥

原料：桂圆肉、莲子各15克，大米100克，红枣适量。

做法：①桂圆肉洗净。②莲子、大米洗净，浸泡30分
钟；红枣洗净。③锅中注水煮沸，放入桂圆、红枣、
大米，大火煮沸，放入泡好的莲子，转小火煮至食材全
熟即可。

百合蜂蜜奶

原料：百合60克，牛奶250毫升，蜂蜜适量。

做法：①百合洗净，掰成小朵，沥干水分。②将百合放
入锅中，加适量水，煮软烂时加入牛奶一同煮沸，稍凉
后，调入蜂蜜即可。

平菇牡蛎汤

原料：牡蛎肉50克，平菇100克，紫菜10克，盐、料酒、
姜末各适量。

做法：①牡蛎肉洗净；紫菜洗净，撕成小块；平菇洗净，
撕成小朵。②锅中加适量水，加入平菇、紫菜、牡蛎肉、
姜末、料酒同炖成汤，最后加盐调味即可。

抵抗疲劳

✓ 饮食合理搭配,作息规律,坚持运动　✗ 忌暴饮暴食,避免生活不规律　❗ 谨慎用药;不要通过喝咖啡来提神

现代人生活压力大,工作和学习上的困难,易导致情绪低落、全身乏力、反应迟缓、头晕头痛等疲劳症状,通过饮食调理可以改善。饮食中不能缺少碱性食物,比如**紫甘蓝**、西蓝花、芹菜、小白菜、豆芽、黄豆、**芦笋**、**梨**、**桃子**等,以促进新陈代谢。

什锦沙拉

原料:黄瓜丁200克,西红柿丁100克,芦笋段50克,紫甘蓝丝30克,沙拉酱、番茄酱各适量。

做法:①芦笋段焯水,捞出后浸入冷开水中。②将黄瓜丁、西红柿丁、芦笋段、紫甘蓝丝码盘,加番茄酱和沙拉酱,拌匀。

蜜桃菠萝沙拉

原料:菠萝半个,柚子2瓣,梨、桃子各1个,蜂蜜、沙拉酱、盐各适量。

做法:①菠萝去皮切块,用淡盐水浸泡10分钟左右。②柚子去皮,切成小块。③将梨、桃子去皮和核,分别切成小丁,和菠萝块、柚子块一同放入盘中。④将沙拉酱、蜂蜜搅拌均匀,淋在上面即可。

红豆酒酿蛋

原料:红豆50克,酒酿200毫升,鸡蛋2个,白糖适量。

做法:①红豆洗净,用水浸泡2小时;鸡蛋磕入碗中,搅匀。②红豆放入锅中,加水煲煮至红豆烂熟。③倒入酒酿,淋入蛋液,搅出蛋花,加白糖调味。

第三章

营养师为全家人订制的营养餐

中老年人

 常吃粗粮，多做运动，规律作息，保持稳定的情绪

 忌大鱼大肉、暴饮暴食，不宜长期吃素

❌ 每天吃鸡蛋不宜超过两个

因为中老年人的身体机能日渐衰退，代谢功能和消化功能也没有年轻人好，所以一定要注意每餐进食量不宜太多，尽量少食多餐，饮食宜少油少盐。适合中老年人的食物有小米、玉米、糙米、黄豆、红薯、鱼、虾皮、紫菜、猪血、鸡蛋、牛奶、燕麦、猕猴桃、酸奶、山药、核桃、葵花子等。

山药黄芪鱿鱼汤

原料： 鱿鱼 250 克，山药 100 克，黄芪 15 克，高汤、料酒、柠檬汁、鱼露、盐各适量。

做法： ①鱿鱼洗净，切长条，余水捞出；山药洗净，去皮切块，放清水中浸泡；黄芪洗净，切片。②锅中倒入高汤，加入山药、黄芪，放入柠檬汁、鱼露、料酒煮至山药熟烂，下入鱿鱼烫熟，加盐调味即可。

山药牛奶燕麦粥

原料： 鲜牛奶 250 毫升，燕麦片 50 克，山药 60 克，白糖适量。

做法： ①山药洗净，去皮切块。②将鲜牛奶倒入锅中，与山药、燕麦片一同入锅，小火煮，边煮边搅拌，煮至燕麦片、山药熟烂，加白糖调味即可。

五彩玉米

原料： 玉米粒 100 克，黄瓜 100 克，胡萝卜 50 克，松子仁 20 克，盐适量。

做法： ①胡萝卜、黄瓜洗净，切丁；玉米粒、松子仁洗净，备用。②锅中加油烧热，放入备好的胡萝卜丁、松子仁、玉米粒、黄瓜丁，翻匀炒熟后，加盐调味即可。

西红柿炒菜花

原料：菜花 250 克，西红柿 1 个，水淀粉、白糖、盐各适量。

做法：①菜花洗净，掰朵；西红柿洗净，切块。②锅中注水烧开，放入菜花，淋入少许油，搅拌均匀，煮至断生，捞出。③油锅烧热，倒入菜花与西红柿，大火快炒，加水淀粉、少许白糖、盐，炒匀即可。

豆腐干炒圆白菜

原料：豆腐干 200 克，圆白菜 250 克，姜末、盐、酱油各适量。

做法：①豆腐干洗净，切条；圆白菜洗净，切片。②油锅烧热，下圆白菜炒至变软，下豆腐干、姜末一起翻炒。③加酱油、盐，炒至食材全熟即可。

平菇蛋花汤

原料：平菇 100 克，鸡蛋 2 个，青菜 50 克，盐、蒜末、香油各适量。

做法：①平菇洗净，撕成小条；鸡蛋磕入碗中，充分打散；青菜洗净切段。②油锅烧热，下蒜末爆香后，加平菇稍微煸炒。③锅内加适量开水，煮 5 分钟后，把鸡蛋液淋入锅中，加入青菜，待鸡蛋稍凝结，加盐、香油调味，关火即可。

胡萝卜小米粥

原料：小米、胡萝卜各 50 克。

做法：①小米淘洗干净；胡萝卜洗净，切丁。②小米放入锅中，加适量清水大火烧开。③煮沸后转小火，加胡萝卜丁继续熬煮，煮至胡萝卜丁绵软、小米开花即可。

榨菜肉丝豆腐汤

原料：豆腐200克，西红柿1个，榨菜丝30克，肉丝50克，盐、葱花、香油各适量。

做法：①豆腐洗净切块；西红柿洗净切小块。②油锅烧热，下肉丝煸炒至变色后，加西红柿和榨菜煸炒至西红柿变软。③锅内加豆腐和适量开水，煮开后继续煮5分钟，加盐、香油、葱花即可。

四季豆炖排骨

原料：排骨500克，四季豆200克，土豆1个，酱油、姜片、白糖、盐各适量。

做法：①排骨洗净，斩段；四季豆去筋洗净，切段；土豆洗净，去皮，切块。②排骨氽水后捞出。③油锅烧热，加姜片、白糖爆香，倒入排骨煸炒至微黄，加酱油稍微煸炒上色，加水焖煮20分钟。④放入四季豆、土豆，煮至排骨软烂时，加盐调味即可。

红薯饼

原料：红薯1个，糯米粉50克，豆沙、蜜枣、白糖、葡萄干各适量。

做法：①红薯洗净，煮熟，捣碎后加入糯米粉和匀成红薯面。②葡萄干用清水泡后沥干水分，加切碎的蜜枣、豆沙、白糖拌匀后做馅。③红薯面揉成丸子状，压扁后包馅，做成饼状。④锅内放油烧热，放入包好的饼煎至两面金黄熟透。

蒜炒芥菜

原料：芥菜400克，蒜蓉、姜末、盐各适量。

做法：①芥菜洗净，切段。②油锅烧热，加姜末、蒜蓉煸炒，再加芥菜继续翻炒。③起锅前加盐调味即可。

女性

 保持好心情,饮食上荤素搭配,每天运动30分钟

 忌熬夜,不宜只吃素

 少喝冰镇的饮料

随着年龄的增加,女性新陈代谢变得缓慢,在饮食方面,要注意各种营养均衡摄取,不偏食,注意荤素搭配,多吃点滋阴润燥、补益气血、排毒养颜的食物,比如黄豆、黄瓜、丝瓜、苹果、火龙果、鸡蛋、牛奶、豆浆、瘦肉、西红柿、西蓝花、红枣等。

家常豆腐

原料:豆腐400克,水发木耳30克,红椒1个,盐、豆瓣酱、酱油、白糖、姜末、蒜末、葱段各适量。

做法:①豆腐洗净切片;红椒洗净去蒂,切片;水发木耳去根洗净。②油锅烧热,下豆腐煎至两面金黄后盛出。③锅内留底油,下姜末、蒜末、葱段爆香,加豆瓣酱、酱油、白糖炒成酱汁,下红椒和木耳、豆腐翻炒,出锅前加盐调味即可。

鸡蛋时蔬沙拉

原料:鸡蛋1个,生菜100克,圣女果80克,洋葱、苹果各50克,沙拉酱适量。

做法:①鸡蛋放入锅中煮熟,捞出过冷水,剥皮,切开,备用。②生菜洗净,撕成小片;圣女果、洋葱洗净,切片;苹果洗净,去皮、去核,切小块,待用。③将上述所有食材放入大碗中,倒入沙拉酱,拌匀即可。

豆浆鲫鱼汤

原料:鲫鱼1条,豆浆500毫升,盐、葱丝、姜片各适量。

做法:①鲫鱼处理干净,在鱼身两面切花刀,用盐腌制。②油锅烧热,下葱丝、姜片,放入鲫鱼,略煎。③在锅中倒入适量的水,大火煮开后转中小火再煮约15分钟。④加入豆浆,再次煮开后加盐调味即可。

玉竹百合苹果羹

原料： 玉竹、百合各 20 克，红枣 7 颗，陈皮 6 克，苹果 100 克，猪瘦肉 50 克。

做法： ①将所有材料洗净，苹果去核，切块；猪瘦肉切末。②锅中放适量水，下玉竹、百合、红枣、陈皮、苹果，煮开时下猪瘦肉，用中火煮约 2 小时即可。

山药羊肉羹

原料： 羊瘦肉 200 克，山药 150 克，牛奶、盐、姜片各适量。

做法： ①羊瘦肉洗净，切小块；山药洗净，去皮，切小块。②将羊瘦肉、山药、姜片放入锅内，加入适量清水，小火炖煮至肉烂，出锅前加入牛奶、盐，稍煮即可。

莲子黑米粥

原料： 黑米 100 克，莲子 30 克，白糖适量。

做法： ①黑米洗净，用水浸泡一夜；莲子洗净，浸泡 40 分钟。②锅中加适量水，放入黑米和莲子，熬煮成粥，加白糖调味即可。

莴苣瘦肉粥

原料： 莴苣 150 克，大米 50 克，猪瘦肉 100 克，酱油、盐、香油、葱花各适量。

做法： ①莴苣去皮，洗净，切细丝；大米淘洗干净。②猪肉洗净，切成末，放入碗内，加适量酱油、盐，腌 10~15 分钟。③锅中放入大米，加适量清水，大火煮沸，加入莴苣丝、猪肉末，改小火煮至米烂时，加盐、香油、葱花搅匀即可。

男性

 饮食有节制，适度运动，定期体检

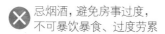 忌烟酒，避免房事过度，不可暴饮暴食、过度劳累

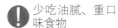 少吃油腻、重口味食物

男性承担着家庭和工作的双重压力，更需要养成良好的饮食和生活习惯，要注意调理好肠胃，平时多吃些强身健体、补肾固精、健脾益胃的食物，比如黄豆、黑豆、莲子、枸杞子、芡实、山药、莲藕、牛肉、韭菜、羊肉、牡蛎、螃蟹、虾、猕猴桃、橙子、西蓝花、芦笋、绿茶等。

什锦鸭羹

原料： 鸭肉 200 克，泡发海参 2 只，火腿、干香菇、口蘑各 30 克，盐、水淀粉、白糖、胡椒粉、高汤各适量。

做法： ①所有食材均洗净，切丁。②锅内倒入高汤烧开，将所有食材放入锅中烧煮，加盐、白糖、胡椒粉调味，用水淀粉勾芡即可。

西蓝花炒腰花

原料： 西蓝花 200 克，猪腰 1 只，酱油、料酒、香油、盐、姜丝、蒜末各适量。

做法： ①猪腰洗净，去筋膜，片成腰花；西蓝花掰成小朵，用盐水浸泡 10 分钟后捞出。②锅内放水烧开，加料酒、盐，把腰花放入开水中烫 30 秒捞出。③油锅烧热，加姜丝、蒜末爆香，放入猪腰和西蓝花一起煸炒，加酱油、盐调味，淋香油即可。

酱牛肉

原料： 牛腱肉 500 克，丁香、花椒、八角、陈皮、小茴香、香叶、酱油、葱段、姜片、白糖、盐各适量。

做法： ①牛腱肉洗净，切成大块，放入开水中略煮，捞出，用冷水浸泡。②用纱布把丁香、花椒、八角、陈皮、小茴香、香叶包住，和葱段、姜片一起放入锅中。③再放入牛腱肉，加适量水、酱油、白糖、盐，水煮开后用小火炖至肉熟。④捞出牛腱肉，冷却后切片即可。

芋头排骨煲

原料：猪排骨段300克，芋头400克，盐、白胡椒粉各适量。

做法：①猪排骨段洗净，余水后捞出；芋头洗净，去皮，切块。②油锅烧热，下猪排骨炸至金黄后加水煮。③将芋头块放入锅中，大火煮开后，改小火炖煮。④待食材熟烂时，加盐、白胡椒粉调味即可。

韭菜炒豆腐干

原料：豆腐干、韭菜各200克，姜丝、盐、香油各适量。

做法：①韭菜洗净，切段；豆腐干洗净，切细条。②油锅烧热，下姜丝爆香，放韭菜和豆腐干翻炒。③快熟时加入盐调味，淋入香油，装盘即可。

莲藕拌黄花菜

原料：莲藕150克，黄花菜30克，盐、葱花、高汤、水淀粉各适量。

做法：①将莲藕洗净削皮，切片，放入开水锅中焯一下，捞出过凉水，沥干备用。②黄花菜用冷水泡后，洗净，沥干。③锅中下葱花爆香，然后放入黄花菜煸炒，加入盐、高汤，炒至黄花菜熟透。④用水淀粉勾芡后出锅。⑤将藕片与黄花菜略拌即可。

青少年

✅ 早餐宜丰盛，睡眠要充足，坚持体育锻炼

❌ 不宜偏食、厌食，不可吃垃圾食品

❗ 少喝可乐等碳酸饮料

青少年正处于身体生长发育的黄金期，**代谢比较旺盛**，必须全面合理地摄取营养，合理安排作息时间，保证充足的睡眠，并坚持**体育锻炼**。饮食上，蛋白质、维生素、矿物质、碳水化合物、脂肪等要均衡摄取，不宜偏食厌食，多吃益智健脑、保护视力、促进成长的食物，比如**牛肉**、鸡蛋、牛奶、黄豆、**核桃**、木耳、香菇、海带、紫菜、鱼、虾等。

核桃瘦肉汤

原料：瘦肉 150 克，核桃仁 20 克，盐适量。

做法：①核桃仁洗净；瘦肉洗净，切成片，备用。②将核桃仁、瘦肉片一同放入锅中，加适量水，小火慢炖至肉熟，加盐调味即可。

猪血鲫鱼粥

原料：猪血、鲫鱼片各 100 克，大米 200 克，盐、香油各适量。

做法：①猪血洗净，在开水中氽一下，捞出凉凉后切块。②鱼片洗净；大米洗净。③大米倒入锅中，再加入适量水，待烧开后，放入猪血和鱼片，小火炖煮成粥。④食材全熟、粥黏稠时加盐调味，再淋上香油即可。

金针菇培根卷

原料：培根 400 克，金针菇、海苔丝、盐、胡椒粉各适量。

做法：①金针菇洗净，切除根部，在开水中加盐焯熟。②用培根将金针菇卷起来，培根腰部用海苔丝扎住，没有海苔丝的也可以用竹签穿入培根卷将其固定。③油锅烧热，将培根卷放入锅中，煎至培根变色，食材全熟时撒上胡椒粉即可。

嫩滑炒猪肝

原料：猪肝 200 克，黄瓜、胡萝卜各半根，红椒、酱油、水淀粉、盐、葱花、蒜蓉、香油各适量。

做法：①猪肝洗净，切片，加酱油、水淀粉拌匀；黄瓜、胡萝卜、红椒洗净，切片。②油锅烧热，加葱花、蒜蓉爆香，加黄瓜、胡萝卜、红椒翻炒。③加入猪肝片继续翻炒，食材熟时加盐，淋上香油即可。

葱爆酸甜牛肉

原料：牛里脊肉 300 克，黄椒 1 个，洋葱半个，姜片、料酒、盐、水淀粉、白糖、醋、蛋清、葱花各适量。

做法：①牛里脊肉洗净，切片，用料酒、盐、蛋清、水淀粉腌 10 分钟；黄椒、洋葱洗净，切丝。②油锅烧热，加姜片爆香后加牛肉片滑炒至变色后盛出。③锅内留油，加黄椒、洋葱丝爆炒，加入牛肉片、白糖、醋、翻炒匀，加盐调味，撒上葱花即可。

松子仁鸡肉卷

原料：鸡胸肉 250 克，虾仁 100 克，胡萝卜半根，松子仁 25 克，蛋清、盐、料酒、淀粉各适量。

做法：①将鸡胸肉洗净，片成大薄片；胡萝卜洗净去皮后，切成丝。②虾仁切碎剁成蓉，放入碗中，加盐、料酒、蛋清和淀粉搅匀。③将鸡片平摊，在鸡片中间放入虾蓉、胡萝卜和松子仁，把鸡片卷成卷。④将做好的鸡肉卷放入蒸锅，大火蒸 8 分钟。

虾仁西葫芦

原料：西葫芦 250 克，虾仁 200 克，蒜蓉、盐、白糖、水淀粉各适量。

做法：①虾仁洗净；西葫芦洗净，切片。②油锅烧热，加蒜蓉翻炒几下，加入西葫芦继续翻炒。③西葫芦快熟时加虾仁翻炒，加盐、白糖调味，最后用水淀粉勾薄芡即可。

婴幼儿

 辅食宜营养易消化　　 忌高盐、高糖、多油(1岁前)　　! 辅食添加应由少到多，尤其是蛋黄、虾

1岁内宝宝的喂养要坚持以**母乳、奶类为主**，其他食物为辅的饮食原则。6 个月以后宝宝的食物的形状从汤汁、泥糊、碎末、粒状、细条、薄片到厚片逐渐过渡。宝宝的食物可多样化，但要注意先从**米糊类食物**开始，再到水果、蔬菜类食物，然后才是禽蛋、鱼、肉类食物，逐渐添加。

红薯米糊（适合 6 个月以上宝宝）

原料：大米 30 克，红薯 50 克。

做法：①大米洗净，浸泡 1 小时；红薯洗净，去皮，切成小丁。②把大米倒入料理机中，加适量的水打成米糊。③将米糊倒入锅中，加入红薯丁，开中火煮熟捣烂，至浓稠即可。

蛋黄米粉（适合 8 个月左右宝宝）

原料：鸡蛋 1 个，婴儿营养米粉 30 克。

做法：①将鸡蛋煮熟后取 1/4 个蛋黄备用。②将蛋黄用勺子碾碎成泥状。③将蛋黄泥加入调好的婴儿米粉里拌匀即可。

苹果玉米蛋黄糊（适合 9 个月以上宝宝）

原料：玉米粒 50 克，苹果 1 个，鸡蛋 1 个。

做法：①苹果洗净，去皮和核，切碎；玉米粒洗净，剁碎，备用。②鸡蛋煮熟，取蛋黄，压成泥，待用。③将苹果丁、玉米碎放入清水锅中，大火煮沸，转小火煮 20 分钟，出锅后放入蛋黄拌匀即可。

鱼泥苋菜粥（适合 8 个月以上宝宝）

原料： 鱼肉 30 克，苋菜 20 克，大米 40 克。

做法： ①苋菜择洗干净，用开水焯一下，切碎。②鱼肉放入盘中，入锅隔水蒸熟，去刺，压成泥。③将大米洗净后浸泡 1 小时，加水，煮成粥，加入鱼肉泥与苋菜末，煮熟即可。

时蔬浓汤（适合 8 个月以上宝宝）

原料： 西红柿、土豆、洋葱各半个，黄豆芽 50 克。

做法： ①黄豆芽洗净沥干水；洋葱去老皮切小丁；西红柿、土豆洗净去皮切小丁。②锅中加适量水烧开后，放入黄豆芽、洋葱、西红柿和土豆，大火煮沸后，转小火慢熬，熬至汤成浓稠状，取汤凉温喂宝宝即可。

肝末鸡蛋羹（适合 8~12 个月的宝宝）

原料： 熟鸡肝 80 克，鸡蛋 1 个。

做法： ①熟鸡肝压成泥，备用。②鸡蛋磕入鸡肝泥碗中，加入适量温开水，搅拌均匀，隔水蒸 7 分钟左右即可。

白菜烂面条（适合 9 个月以上宝宝）

原料： 宝宝面条 70 克，白菜 60 克。

做法： ①洗净白菜，锅中注入清水，烧开，将白菜焯一下，捞出，凉凉切碎，备用。②面条掰碎，放入沸水锅中，煮至软烂，放入白菜碎，煮熟即可。

玉米胡萝卜粥（适合 11 个月以上宝宝）

原料： 胡萝卜 100 克，玉米粒、大米各 50 克。

做法： ①胡萝卜洗净去皮，切成小块；大米洗净，用清水浸泡 30 分钟；玉米粒洗净。②将大米、胡萝卜块、玉米粒一同放入锅内，加清水大火煮沸。③转小火继续煮至米烂粥稠即可。

第四章

营养师厨房
四季餐单

春季 应季食材

莴笋: 含有丰富的钾,味道清新,可促进食欲。
口蘑炒莴笋(P115)

荠菜: 含有丰富的维生素C和膳食纤维,具有降血压、防癌抗癌、预防便秘等功效。
蒜泥拌荠菜(P115)

春笋: 春笋是高蛋白、低脂肪食物,且富含水分、膳食纤维,有助于促进消化、预防便秘。春笋具有清热利尿、降血压、促进食欲等功效。
百合笋片熘白菜(P115)

香椿: 含香椿素、维生素E,有健脾开胃、清热利湿、抗衰老和促进食欲的作用。
香椿炒虾仁(P71)、香椿苗核桃仁(P115)

夏季 应季食材

冬瓜: 含有丙醇二酸,可有效地抑制糖类转化为脂肪,有利尿消肿、减肥瘦身、清热解暑、美容养颜的功效。
香菇烧冬瓜(P21)、冬瓜丸子汤(P21)、干贝冬瓜汤(P116)

苦瓜: 含有丰富的维生素C和苦味苷、苦味素,是"脂肪杀手",有清热解暑、健脾开胃、降低血糖、排毒的功效。
拌苦瓜条(P25)、苦瓜焖鸡翅(P25)、苦瓜汁(P81)、苦瓜煎蛋(P116)

空心菜: 含有大量的膳食纤维、维生素C和胡萝卜素,有预防便秘、增强体质、防暑解热的功效。
空心菜炒肉(P116)

丝瓜: 维生素C和B族维生素含量较高,有健脑益智、美白嫩肤、清热解毒的功效,夏天适合常吃。
丝瓜炖豆腐(P23)、丝瓜炒虾仁(P23)、双椒丝瓜(P23)、丝瓜虾仁糙米粥(P116)

秋季 应季食材

茄子：维生素E含量丰富，有抗衰老、降低胆固醇，预防高血压、冠心病等功效。

凉拌茄子皮（P27）、肉末烧茄子（P27）、蒜香茄子（P27）、菊花蒸茄子（P117）

韭菜：含有丰富的膳食纤维，能刺激肠道蠕动，改善便秘，韭菜性温、味辛，有散瘀活血、促进食欲的功效。

韭菜虾皮炒鸡蛋（P13）、韭菜炒豆芽（P13）、韭菜炒虾仁（P71）、韭菜炒螺肉（P117）

豌豆：含有丰富的蛋白质、胡萝卜素和膳食纤维，有增强免疫力、润肠通便的功效。

什锦玉米汤（P93）、豌豆炒虾仁（P117）

莲藕：富含淀粉、蛋白质、维生素等营养成分，具有清凉止血、改善肠胃功能、预防贫血等功效。

香橙蜜藕（P35）、荷塘小炒（P35）、炸藕合（P35）、凉拌柠檬藕（P117）

冬季 应季食材

白萝卜：含有丰富的消化酶、膳食纤维以及矿物质和维生素等，有促进消化、保护肠胃、降低血脂等功效。

白萝卜炖羊肉（P29）、白萝卜鲜藕汁（P29）、白萝卜粥（P29）、白萝卜炖牛腩（P118）

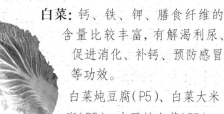

白菜：钙、铁、钾、膳食纤维的含量比较丰富，有解渴利尿、促进消化、补钙、预防感冒等功效。

白菜炖豆腐（P5）、白菜大米粥（P5）、木耳炒白菜（P5）、香菇炖白菜（P118）

山药：含有多种微量元素，是平补脾胃的药食两用之品，可补脾益胃、滋肾益精、降低血糖等。

山药炒木耳（P41）、山药炒四季豆（P41）、山药五彩虾仁（P41）、蒜薹炒山药（P118）

香菇：含有香菇嘌呤，有降低胆固醇、降血压、降血脂、降血糖等功效。

香菇炒菜花（P61）、山药香菇鸡（P61）、香菇烩扁豆（P61）、香菇牛奶汤（P118）

香椿苗核桃仁

原料：香椿苗 250 克，核桃仁 50 克，白糖、醋、香油、盐各适量。

做法：①香椿苗去根，洗净，用淡盐水浸一下。②核桃仁掰碎，用淡盐水浸一下。③从淡盐水中取出香椿苗和核桃仁碎，加少许白糖、醋、香油、盐搅拌均匀即可。

蒜泥拌荠菜

原料：荠菜 400 克，蒜泥、香油、盐、酱油、醋各适量。

做法：①荠菜洗净，放入沸水中焯透，捞出沥干水分。②在蒜泥中放入适量盐、醋、香油和酱油，倒入荠菜中拌匀即可。

口蘑炒莴笋

原料：口蘑、莴笋各 200 克，葱段、姜片、盐各适量。

做法：①口蘑、莴笋均洗净，口蘑切片，莴笋去皮切片，口蘑放入沸水中焯一下，捞出过凉水。②油锅烧热，下葱段、姜片爆香，加莴笋片、口蘑片翻炒，加入盐调味即可。

百合笋片熘白菜

原料：春笋 100 克，白菜心 200 克，百合 10 克、红椒片、葱末、盐、酱油、料酒各适量。

做法：①百合洗净；白菜心、春笋洗净，切片。②锅内放水，烧沸后，先将笋片下锅，水开后再下白菜心，烧沸后捞出，沥干水分。③油锅烧热，下葱末、料酒、酱油，再下白菜心、笋片、百合、红椒片翻炒，放盐调味即可。

此菜口感清脆，清淡爽口。

•夏季

干贝冬瓜汤

原料: 冬瓜 150 克,干贝 50 克,盐、料酒各适量。

做法: ①冬瓜削皮,去子,洗净后切成片备用;干贝洗净,浸泡 30 分钟。②干贝放入瓷碗内,加入料酒、清水,清水以没过干贝为宜,隔水用大火蒸 30 分钟,凉凉后撕开。③冬瓜片、干贝放入锅中,加水煮 15 分钟,出锅时加适量盐即可。

苦瓜煎蛋

原料: 苦瓜 80 克,鸡蛋 2 个,面粉、香菜叶、盐各适量。

做法: ①苦瓜洗净,去子,切碎;鸡蛋磕入碗中,加盐打散,加苦瓜碎、面粉拌匀。②油锅烧热,倒入苦瓜面糊,摊成饼状,煎至两面金黄,盛出凉凉,切块装盘,放香菜点缀即可。

空心菜炒肉

原料: 空心菜 350 克,猪肉丝 200 克,盐适量。

做法: ①空心菜洗净,切段。②油锅烧热,放入猪肉丝翻炒至颜色变白,再放空心菜翻炒至熟,加盐调味即可。

丝瓜虾仁糙米粥

原料: 丝瓜 100 克,虾仁 30 克,糙米 50 克,盐适量。

做法: ①糙米清洗后加水浸泡约 1 小时;虾仁洗净,与糙米一同放入锅中。②加入两碗水,用中火煮约 25 分钟成粥状。③丝瓜洗净,去皮切条,放入已煮好的粥内,煮至瓜熟米烂,加盐调味即可。

•秋季

豌豆炒虾仁

原料：豌豆 200 克，干净虾仁 70 克，姜末、蒜末、葱末、料酒、水淀粉、盐各适量。

做法：①虾仁加水淀粉、盐，抓匀；豌豆洗净，焯熟。②油锅烧热，放入虾仁与姜、蒜、葱末，炒匀，放入豌豆、料酒、炒香，再向锅中加适量盐，炒匀调味，倒入水淀粉，拌炒均匀即可。

菊花蒸茄子

原料：茄子 1 根，菊花 10 克，香油、盐各适量。

做法：①菊花、茄子洗净，将茄子切片。②锅中加入适量水，放入菊花煮沸。③将菊花汤汁与茄子放入盘中蒸熟，取出，加入盐，淋上香油即可。

不仅能降血脂，还能清热明目。

韭菜炒螺肉

原料：韭菜 250 克，螺肉 80 克，盐、料酒、姜片各适量。

做法：①螺肉洗净；韭菜洗净，切段。②油锅烧热，放姜片爆香，取出后倒入螺肉煸炒一会儿，加点料酒。③倒入韭菜，大火炒熟，加盐调味即可。

凉拌柠檬藕

原料：莲藕 300 克，柠檬半个，橙汁、蜂蜜各适量。

做法：①莲藕洗净，去皮，切薄片；柠檬洗净，用手捏柠檬取汁，柠檬皮切成丝。②莲藕片在开水中焯熟，凉凉，摆入盘中，将柠檬皮丝均匀码在藕片上。③将橙汁与柠檬汁、蜂蜜调匀，淋在码好的菜上即可。

●冬季

蒜薹炒山药

原料：蒜薹200克，山药150克，酱油、盐各适量。

做法：①蒜薹洗净，切段；山药洗净，去皮切成片，用开水烫一下。②油锅烧热，放入蒜薹煸炒2分钟，下山药片继续煸炒，炒至食材全熟，加酱油、盐调味即可。

香菇炖白菜

原料：白菜心400克，香菇100克，姜末、葱段、盐、水淀粉各适量。

做法：①白菜心洗净，切片；香菇洗净，去蒂，切花刀。②油锅加热，放姜末、葱段煸炒出香味。③放白菜片、香菇，加适量清水，煮开后改小火炖熟。④加盐调味，用水淀粉勾薄芡即可。

白萝卜炖牛腩

原料：牛腩块500克，白萝卜300克，盐、料酒、酱油、八角、姜片、葱段各适量。

做法：①牛腩块洗净；白萝卜洗净，去皮，切块。②油锅烧热，放入姜片、八角，炒出香味，下牛腩块翻炒均匀，倒入料酒、酱油，加适量水，大火烧开后改小火炖1小时。③加入白萝卜块炖30分钟，加盐、葱段调味即可。

香菇牛奶汤

原料：香菇250克，牛奶125毫升，洋葱半个，面粉、盐、黑胡椒粉、黄油各适量。

做法：①香菇洗净，沥干，切片；洋葱洗净，切末。②热锅放入黄油，待黄油融化后放入面粉翻炒1分钟，盛出。③用锅中剩余黄油翻炒洋葱末、香菇片片刻，倒入牛奶、适量水及炒过的面粉，搅匀。④调入盐、黑胡椒粉搅拌均匀即可。